自然を楽しむ二十四節気七十二候

季節の生きもの観察手帖

企画・編集 NPO法人自然観察大学

全国農村教育協会

二十四節気・七十二候で楽しむ自然観察

日本の自然は豊かで変化に富んでいる。四季折々の花が咲き、蝶が舞い、鳥が歌い、人々は巡りくる季節を楽しみ、日々の暮らしも自然と共にある。

二十四節気・七十二候は、細やかな季節の変化を受け止め、農業や漁業、年中行事や民俗、あるいは俳句や季節の挨拶など、日本人の生活に深く浸透してきた。また、開花や結実、渡り鳥の飛来のような生物の周期的な活動と季節との関係を研究する生物季節学（フェノロジー）とも深く関わっている。

二十四節気・七十二候を意識することにより、自然観察の楽しみが増え、新しい発見や感動的な出合いに恵まれるにちがいない。さらに、日々の観察事項をこの手帖に記録し、自然の動きを楽しんでいただければ幸いである。

2017年3月　NPO法人自然観察大学 学長　唐沢孝一

目次

春

- 立春 【鳥たちの恋の季節】　6
  - 東風凍を解く、黄鶯睍睆く、魚氷を上る
- 雨水 【つくしとスギナ】　14
  - 土脉潤い起こる、霞始めて靆く、草木萌え動る
- 啓蟄 【モンシロチョウの羽化】　22
  - 蟄虫戸を啓く、桃始めて笑、菜虫蝶と化す
- 春分 【オドリコソウとヒメオドリコソウ】　30
  - 雀始めて巣くう、桜始めて開く、雷乃声を発す
- 清明 【カラスノエンドウとアブラムシとテントウムシ】　38
  - 玄鳥至る、鴻雁北へかえる、虹始めて見る
- 穀雨 【春の妖精、ヒメギフチョウの季節】　48
  - 葭始めて生ず、霜止んで苗出ずる、牡丹華さく

夏

- 立夏 【クモの合戦】　60
  - 蛙始めて鳴く、蚯蚓出ずる、竹笋生ず
- 小満 【ツバメの子育て】　74
  - 蚕起きて桑を食む、紅花栄う、麦秋至る
- 芒種 【ホタルの話】　82
  - 螳螂生ず、腐草蛍と為る、梅子黄ばむ
- 夏至 【エノコログサ】　90
  - 乃東枯る、菖蒲華さく、半夏生ず
- 小暑 【セミの羽化と産卵】　98
  - 温風至る、蓮始めて開く、鷹乃学を習う
- 大暑 【トンボは眼の付き方が目の付けどころ】　106
  - 桐始めて花を結ぶ、土潤うて溽し暑し、大雨時行る

二十四節気・七十二候について

四季をそれぞれ6分割して、およそ15日単位に分けたのが二十四節気である。立春から始まり大寒に終わる。もともと古代中国で生まれたもので、各節気の名称をそのまま日本でも使用している。

これに対して、七十二候は自然観察から生まれたものであり、より具体的に季節の変化を表している。各節気を初候、次候、末候に3分割して、およそ5日単位となっている。七十二候は日本で何度かアレンジされ、諸説がある。本書は明治時代の官暦にもとづき、「改訂新版 旧暦読本」（岡田芳朗）に準拠した。

自然観察大学とは……210　　おすすめ観察地ガイド……214

大寒　【ニホンアカガエル、産卵のはじまり】　202
款冬華さく、水沢腹く堅し、鶏始めて乳す

小寒　【春の七草】　194
芹乃栄う、水泉動く、雉始めて雛く

冬至　【昆虫の越冬を観よう】　186
乃東生ず、麋角解つる、雪下麦を出だす

大雪　【春を待てない雑草】　178
閉塞く冬と成る、熊穴に蟄る、鱖魚群がる

小雪　【ムササビの観察】　170
虹蔵れて見えず、朔風葉を払う、橘始めて黄ばむ

立冬　【ツバキ・サザンカの花と鳥や虫との関係】　162
山茶始めて開く、地始めて凍る、金盞香さく

冬

霜降　【セイタカアワダチソウ】　154
霜始めて降る、霎時施す、楓蔦黄ばむ

寒露　【ジョロウグモの網の観察】　146
鴻雁来る、菊花開く、蟋蟀戸に在り

秋分　【不思議にみちたヒガンバナ】　138
雷乃声を収む、蟄虫戸を坏す、水始めて涸る

白露　【モズの高鳴き】　130
草露白し、鶺鴒鳴く、玄鳥去る

処暑　【秋に鳴く虫】　122
綿柎開く、天地始めて粛し、禾乃登る

立秋　【つる植物を観よう】　114
涼風至る、寒蝉鳴く、蒙霧升降す

秋

利用にあたって

■本書の企画とねらい
- 植物、鳥類、小動物、虫、菌類など、季節ごとの多様な生物を扱い、広い視野で観察することを意識した。
- これから自然観察をはじめようという方のガイドブックを目指すと同時に、経験者・愛好家の方にとっても興味深い情報となるよう心がけた。
- 自然観察大学の観察会などを通して得られた自然情報、観察ポイントなどを随所に採用した。

■本書の構成と内容
- 二十四節気の「おすすめ観察テーマ」と七十二候の「日々の観察記録」で構成した。
- 「おすすめ観察テーマ」は、季節ごとの興味深いテーマについて自然観察大学講師陣が詳しく執筆した。
- 「日々の観察記録」は、自然観察大学会員から募集した約3,000件の情報のなかから、編集委員により約630件を厳選した。
- 日々の観察記録には写真と簡単な解説を記した。解説は各専門分野の編集委員が担当した。
- 日々の観察記録で、写真を掲載しない場合は、★印を付けて解説を記した。
- 観察記録の多くは、関東地方を中心に身近な公園やフィールドで観察できるものをとり上げた。
- 二十四節気・七十二候に対応する日付(太陽暦)はその年によって前後するが、2017年のものとした。
- 七十二候の送り仮名や解釈については、自然観察大学ならではの視点を取り入れた。

■本書の活用法
- 季節情報は年ごとに、また地域や環境などによって変化する。利用者が個々に判断いただきたい。
- 空白スペースには観察記録を書き込むことができ、自身の観察手帖を作成することができる。

用語について

●初認・終認など
生物種やその成長、行動、事象など、生物季節を考えるうえで重要な情報である。同じ場所で継続して観察することが条件。複数年続けることで、新しい世界が見えるだろう。本書では次のように考えている。
初認:そのシーズンで初めて見たとき。初見ともいう。
終認:そのシーズンで最後に見たとき。終見ともいう。
初鳴き:そのシーズンで初めて鳴声を聴いたとき。
成虫活動初認:テントウムシなど成虫越冬の昆虫で、そのシーズンで初めて活動を観察したとき。

●鳥類の移動や生態
鳥類には、繁殖や越冬のために長距離を移動する'渡り鳥'がいる。次のように定義されている。
留鳥:日本で一年中見られる鳥で、季節的な渡りをしない。スズメ、キジなど。
夏鳥:春に日本に飛来して繁殖し、日本より南方で越冬する鳥。ツバメ、オオヨシキリなど。
冬鳥:日本より北方で繁殖し、日本で越冬する鳥。オオハクチョウ、オナガガモなど。
漂鳥:日本国内の繁殖地と越冬地を季節的に移動する鳥。ウグイス、ルリビタキなど。
旅鳥:日本より北方で繁殖し、日本より南方で越冬する鳥。春と秋の渡りの途中に日本に飛来する。多くのシギ類など。

●植物の開花の定義
本書の日々の観察記録では原則として次のように定義した。ただし、報告者によって違いがあり、確認できていないものもある。
開花:同じ個体を継続して観察し、そのシーズンで初めて花を見たとき。開花初認の意。
開花初期:開花初認ではないが、開花の初期。
開花盛期:満開の時期。ただし、満開の定義は難しく、原則として開花盛期としている。
花:単に花を観たということ。定点で継続観察していない場合、通常このような表現になる。

右頁写真は春〜秋:SKD、冬:両角

立春

りっしゅん
2月4日～17日ころ

二十四節気の最初が立春である。かつては節分が大晦日で、立春が一年の始まりであった。節分に厄払いの豆まきを行い、立春を迎える。八十八夜、二百十日などは立春を起点に数える。ただし、春とは名ばかり、まだまだ寒い日が続く。

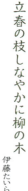

立春の枝しなやかに柳の木

伊藤たいら

おすすめの観察テーマ

鳥たちの恋の季節
-ヒバリのさえずり-

2月中旬、河川敷や農地などでヒバリがさえずり始める。上空高く舞い上がり、ホバリングしながらピーチュクチュクチュク…　と実に複雑な歌いまわしをする。雄は一日も早く配偶者を得て、縄張りを確保しなければならない。しかも、縄張りの境界はあってないようなもの。気を抜くとすぐに近隣の雄が侵入してくる。上空だけでなく、地上でさえずることも多い。

ヒバリは見通しのよい草地で繁殖する。巣は地上につくり、雛を育てる。天敵が多く、地上からはヘビやネコが、空中からは猛禽類やカラスが狙っている。巣は人に踏まれ、耕作によってひっくり返されるなど、子育てに失敗することも多い。また、草地の減少により生息場所もせばまってきた。

ヨーロッパでも、ヒバリは2月中旬にさえずり始める。聖バレイタインの命日（2月14日）と重なり、人も小鳥も恋の季節を迎える。が、その成就は容易ではない。
　　　　　　　　　　　　　（唐沢孝一）

唐沢

畑で繁殖中のヒバリの巣。ヘビやネコなどの天敵に狙われやすく、農作業によって繁殖が失敗することも多い。
2010年5月27日、茨城県稲敷郡阿見町　茨城大学農学部附属FSセンター

雄は30〜40mの上空に舞い上がり、さまざまなフレーズを組み合わせた複雑な歌を歌う。このような求愛や縄張り争いの歌を'さえずり'（song）という。その他を'地鳴き'（call）という。
2014年3月23日、千葉県市川市江戸川河川敷 唐沢

唐沢

豆知識① モズの雄は、求愛する際に他の鳥の鳴きまねをして雌の気を引こうとする習性がある（写真）。早春にヒバリやオオヨシキリのさえずりを耳にしても、モズの雄が鳴いていることがあるので要注意である。

地上でさえずるヒバリ。空中からは見つけにくいが、声はよく聞こえる。

唐沢

立春 | 初候 | 東風解凍

新暦でおよそ2月4日〜7日

2/4
- オオイヌノフグリ開花　2015年 群馬県太田市ぐんまこどもの国 _{金子正}
- ウソ桜の花芽ついばむ　2007年 千葉県千葉市昭和の森 _{唐沢孝一}
- コハクチョウ越冬　2007年 千葉県印旛郡栄町五右衛門沼 _{唐沢孝一}

2/5
- フユシャク各種交尾　2012年 東京都練馬区石神井公園 _{川邊透}

2/6
- ウグイス初鳴　2007年 千葉県富津市青木 _{川名興}
- ヒバリ初鳴　2015年 千葉県市川市江戸川河川敷 _{唐沢孝一}

2/7

> **東風凍を解く**（とうふうこおりをとく、はるかぜこおりをとく）
> 暖かい東風が吹き、張りつめた氷が解けるころ。春の到来である。ところが、日本では南風が吹いて春が到来する。
> 七十二候は中国から渡来した暦であり、春の方位は東を指し、東風が春をもたらすと言われている。

オオイヌノフグリ
見ごろは6月まで。厳冬期にも暖かい日は開花する。

ウソ
留鳥または漂鳥。亜高山帯で繁殖し、冬は平地の公園などで越冬。

コハクチョウ越冬
冬鳥。主に北日本や日本海側の河口や湖沼で越冬する。水田の落穂や沼地の水草などを食べる。写真は千葉県で撮影。

フユシャク類交尾
冬の雑木林で、1～3月末ころまで交尾が観察できる。フユシャク類の雌の翅はごく小さく、飛ぶことができない。写真はクロテンフユシャク。

ウグイス
留鳥。3～5月ころによくさえずる。山地や高原では夏にもさえずる。東京の初鳴平均日は3/6 (1981～2010年)。1/5参照。

ヒバリ
留鳥。p6参照。

立春 次候 黄鶯睍睆

新暦でおよそ2月8日～12日

2/8
- セイヨウタンポポ花　2016年 千葉県南房総市富浦町西浜　川名興
- マダラカマドウマ　2016年 千葉県南房総市富浦町大房岬　川名興
- スズガモ大群で越冬　2012年 東京都江戸川区葛西臨海公園　唐沢孝一
  ★東京湾では約十万羽が越冬しており、夕方、大群が飛び立つシーンは壮観である。

2/9
- オオタカ、コサギを襲う　2006年 東京都多摩市多摩川河川敷　唐沢孝一

2/10
- セイタカアワダチソウ果実　2013年 千葉県市川市　大野透

2/11
- トラツグミ越冬　2010年 東京都千代田区北の丸公園　唐沢孝一
- キタキチョウ成虫活動初認　2016年 千葉県富津市青木　川名興

2/12
- クロジ越冬　2009年 東京都渋谷区明治神宮　唐沢孝一
- カワラヒワ40～50羽の群で採餌　2015年 埼玉県さいたま市秋ケ瀬公園　唐沢孝一

黄鶯睍睆く (こうおうけんかんす、うぐいすなく)

ウグイスが'ホーホケキョ'と美しく鳴くころ。見通しの悪いやぶの中をすみかとするウグイスは、姿は地味だが声による情報交換を発達させた。'黄鶯'は中国ではコウライウグイスのことで、'睍睆'は声の美しさを表す。

セイヨウタンポポ
見ごろは3〜10月ころ。真夏以外は一年中咲く。p179参照。

マダラカマドウマ
生活史が不規則で、厳冬期を除いて周年見られる。人家の中でも見られる。

オオタカ
オオタカは、カラスやコサギなどを捕食することがある。写真は鷹匠の手に乗るオオタカ。

セイタカアワダチソウ果実
花は秋に咲く(9/17)。果実の冠毛が泡立つように見える。

トラツグミ
留鳥。やや薄暗い林床で、落ち葉をひっくり返してミミズなどを捕食する。

キタキチョウ
成虫で越冬し世代を繰り返すので、早春〜晩秋まで見られる。幼虫はネムノキなどマメ科植物につく。

クロジ
留鳥または漂鳥。本州中部以北で繁殖し、冬には平地や暖地で越冬する。

カワラヒワ
留鳥。冬季には、河川敷などで群をなして採餌することが多い。

立春 ｜ 末候 ｜ 魚上氷

新暦でおよそ2月13日～17日

2/13
- カラスノエンドウ開花　2004年 千葉県南房総市富浦町大房岬　川名興
- トキワハゼ花　2004年 千葉県南房総市富浦町大房岬　川名興
- メジロ吸蜜　2016年 千葉県市川市　唐沢孝一

2/14
- タヌキ3頭で移動　2013年 東京都渋谷区明治神宮内苑　唐沢孝一
  ★皇居や明治神宮、自然教育園など、都心の緑地にすみついている。

2/15
- ザゼンソウ花　1999年 栃木県真岡市井頭公園　HP情報　★見ごろは4,5月ころまで。湿地で見られる。
- ウシガエル初鳴　1981年 千葉県富津市青木　川名興
- オオミノガ越冬　2014年 埼玉県上尾市　平井一男

2/16
- ミチタネツケバナ花　2015年 千葉県南房総市富浦町大房岬　川名興
- ヤマネ冬眠　1981年 群馬県吾妻郡嬬恋村鬼押出し　唐沢孝一

2/17
- シナマンサク花　2013年 千葉県富津市青木　川名興

魚氷を上る (うおこおりをのぼる、うおこおりをいずる)

氷が解け、割れたすき間から魚が飛び出るころ。そこまで来ている春を、風で感じ、鳥の歌に見いだし、水中の魚の動向からも感知しようとする。五感をフルに使って、いち早く小さな春を見つけたいものだ。

カラスノエンドウ
見ごろは3〜6月。
p38参照。

トキワハゼ
見ごろは4〜10月だが、それ以外の季節にも花が咲く。

メジロ吸蜜
留鳥。冬季はツバキなどの花で吸蜜する（p162参照）。このときはアロエの花で吸蜜していた。

ウシガエル
体長20cmに及ぶ日本最大級のカエル。ボーン、ボーンと大きな声で鳴く。食用として移入したものが野生化した。

オオミノガ
ミノの長さ4〜5cmの日本最大のミノムシ。雌は一生ミノムシのままなのでミノは通年見られるが落葉時に目立つ。

ミチタネツケバナ
見ごろは3〜5月。街なかで多く見られる帰化植物。

ヤマネ冬眠
哺乳類だが体温を6〜10℃に下げて冬眠する。このヤマネは建物内のザックの中で冬眠していた。

シナマンサク
見ごろは1月下旬〜3月。

雨水
うすい
2月18日〜3月4日ころ

降っていた雪が雨になり、氷や霜がとけるころ。気温もわずかながら上昇傾向になる。古来より農耕の準備をする目安とされてきた。野外でもわずかに春の気配が感じられるようになり、それに気づくのが楽しいころでもある。

清瀧や岩の割目の路の蕗の薹（とう）
　　　　　　　　　　　閑子

先につくしが出て、遅れてスギナが出る。根もとの方に顔を出したスギナが見える
2014年3月23日、千葉県松戸市　SKD

おすすめの観察テーマ

つくしとスギナ

この季節になると、日当たりのよい空き地や畑のまわりにつくしが出てくる。つくしは漢字で書くと土筆。'つくしんぼ'などと呼ばれ人々に親しまれている。

つくしの先端のすこし膨らんだ部分（胞子のう穂）には、中にたくさんの胞子がつまっている。胞子を飛ばし終えるとつくしは枯れてしまい、そのころ緑色のスギナが出てくる。

つくしはスギナの胞子茎で、緑色のいわゆるスギナは栄養茎だ。これらは地下でつながっている。スギナは胞子で繁殖するシダ植物で、名称としてはスギナが標準和名である。

スギナは地下茎を縦横に伸ばして増えるので、畑などに入り込むと除去するのに苦労する。　　（村田威夫）

スギナの葉と茎の拡大
茎／枝／葉／節　村田

豆知識①

スギナの葉と茎はどうなっているのだろう。太めの主軸が茎で多数の節がある。節から輪生状に伸びるのが枝。節ごとに茎の周りを取り巻く鞘状のものが葉である。俗に'はかま'と呼ばれるものだ。
よく見ると枝にも葉があるのがわかるだろう。

空き地のスギナ。夏過ぎまで残る。
ZNK

胞子のう穂の拡大。六角形のタイルをはめたような構造で、熟すと隙間から淡緑色の細かな胞子を飛ばす。六角形の下に見えるひだ状の部分が胞子のうである。

胞子を顕微鏡やルーペなどで拡大して観察しよう。胞子は緑色の微粒で、これには4本の足のようなものがある。この足を弾糸と呼ぶ（写真左）。胞子のう内などの湿った状態では、弾糸は胞子に巻き付いている（写真右、水につけた状態）。乾燥すると弾糸が伸びて胞子を飛散させ、湿った時はたたむ。静かに息を吹きかけることでこのようすが確認できる。

豆知識② スギナによく似たイヌスギナというのがある。湿った場所に生育し、主軸が長くやや太め、枝は短い。イヌスギナはつくしを出さず、栄養茎の先端に胞子のう穂がつく。

雨水 | 初候 | 土脉潤起

新暦でおよそ2月18日～22日

2/18
- ●フキ開花　2013年 千葉県富津市大堀　川名興
- ●スギナ（つくし）初認　2010年 千葉県富津市青木　川名興

2/19

2/20
- ●カワヅザクラ開花　2015年 千葉県市川市江戸川周辺　唐沢孝一

2/21

2/22
- ●アトリ約40万羽の大群　2016年 栃木県鹿沼市水田地帯　唐沢孝一

土脉（脈）潤い起こる (つちのしょううるおいおこる、どみゃくうるおいおこる)

冷たくて乾いていた大地が、雨によって少しずつ湿り気を帯びるころ。つくしが芽を出し、早咲きの桜が咲き始める。農作業の季節が近づいてきたことを予感させてくれる。

フキ
花の見ごろは5月ころまで。ふきのとうはフキの花芽。写真右は果実期。p201参照。

スギナ（つくし）
つくしの見ごろは2〜4月上旬。p14参照。

カワヅザクラ
見ごろは3月中旬ころまで。早咲きで知られている。

アトリ
冬鳥。まれに数万〜数十万羽の大群で越冬する。

雨水 | 次候 | 霞始靆

新暦でおよそ2月23日～27日

2/23
- クロッカス開花　2016年 千葉県富津市青木　川名興　★見ごろは2月中旬～4月ころ。
- セイヨウトチノキ萌芽　2013年 茨城県土浦市　大野透

2/24
- アツバスミレ花　2016年 千葉県南房総市富浦町大房岬　川名興
- ツルニチニチソウ花　2016年 千葉県安房郡鋸南町市井原　川名興
- ナズナ花　2016年 千葉県南房総市富浦町大房岬　川名興
- ボケ花　2016年 千葉県富津市青木　川名興

2/25
- エナガ繁殖　2016年 長野県上田市　唐沢孝一

2/26

2/27
- ニホンアマガエル初鳴　2010年 千葉県富津市青木　川名興
- ウヅキコモリグモ　2013年 千葉県富津市青木　川名興

霞始めて靆く (かすみはじめてたなびく)

霞がたな引く原因は、南からの湿り気を帯びた空気による霧や靄（もや）であり、遠くの景色が曖昧として見通しにくい。日本文化の最大の特徴は、この霞たな引くような曖昧さにある、と指摘されている。

セイヨウトチノキ
萌芽
花は5〜6月ころ。

SKD

アツバスミレ
見ごろは2〜3月。
海岸で見られる。

川名

ツルニチニチソウ
見ごろは4〜7月。

SKD

ナズナ
見ごろは早春〜春だが、秋から晩秋にも咲く。

SKD・SKD

ボケ
見ごろは3〜4月。

川名

エナガ
留鳥。早春にコケ類をクモの糸でつづって巣を作る（左）。このときは外灯で巣材のクモの糸を集めていた（右）。

唐沢・唐沢

ウヅキコモリグモ
芝生など地表を走り回り、一年中見られる。腹部背面に子グモを乗せるので、'子守'の名がつけられた。

SKD

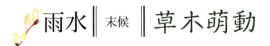

雨水 | 末候 | 草木萌動

新暦でおよそ2月28日〜3月4日

2/28
- ●サンシュユ開花　2016年 千葉県富津市青木 <small>川名興</small>

(2/29)

3/1

3/2
- ●アズマヒキガエル産卵　2015年 千葉県市川市平田 <small>唐沢孝一</small>
- ●ミツユビカモメ越冬　2010年 千葉県銚子市銚子漁港 <small>唐沢孝一</small>

3/3

3/4
- ●ネコヤナギ開花　2015年 群馬県太田市ぐんまこどもの国 <small>金子正</small>
- ●ツバメ初認　2002年 千葉県富津市竹岡 <small>川名興</small>
- ●ナミテントウ成虫初認　2008年 千葉県富津市青木 <small>川名興</small>

草木萌え動る (そうもくほうどうす、そうもくめばえいずる)

草木が目覚め、芽吹き始めるころである。もちろん萌芽だけではなく、植物も動物もさまざまな生きものが活動を始める。観察に心が躍るころでもある。

サンシュユ
見ごろは3月下旬ころまで。

アズマヒキガエル
春一番のころ、人家や公園の池に集まりひも状の卵塊を産む。

ミツユビカモメ
海洋性のカモメだが、海が荒れたりすると港や河口などで観察できる。

ネコヤナギ雄花穂
見ごろは4月ころまで。ヤナギの仲間はすべて雌雄異株。

ツバメ
夏鳥。各地の人家や駅などで繁殖し、9月ころまで見られる。p74参照。

ナミテントウ
成虫は3〜10月ころに見られる。成虫の斑紋はいろいろなタイプがある。成虫、幼虫ともにアブラムシを捕食する。p38参照。

啓蟄

けいちつ
3月5日〜19日ころ

暖かくなって、土の中で冬眠していた虫たちが動き出すことを啓蟄という。虫だけでなく、小動物や草木などさまざまな生き物が活動を始めるころ。
アリが砂を運び上げているようすが観察できるころでもある。

蟻出るやごうごうと鳴る穴の中　鬼城

モンシロチョウ幼虫。アブラナ科の野菜を好んで食べる。よく似たスジグロシロチョウの幼虫とあわせて通称アオムシと呼ぶ。

おすすめの観察テーマ

モンシロチョウの羽化

啓蟄の末候は菜虫化蝶という。
菜虫とはダイコンやキャベツの葉を食害する虫の総称だが、モンシロチョウの幼虫（アオムシ）と考えてよいだろう。蛹で越冬していたモンシロチョウが、春になって羽化することである。
子どものころにモンシロチョウの幼虫を育てて、羽化させた経験をお持ちの方も多いと思う。虫かごで飼育すると、かごの中で蛹になってくれるが、屋外の家庭菜園などで育つアオムシは、食草から離れた場所で蛹になるので、探すのは少々苦労する。
羽化間近になると、蛹の殻が透けて、中にいる成虫が見えるようになる。そのような蛹をじっくり観察していれば、羽化の瞬間が見られる可能性も大きい。

（鈴木信夫）

豆知識①　蛹の殻の色は？
モンシロチョウの蛹の殻の色は、主に幼虫が育つ環境の色によって決まると考えられている。産卵後1週間ほどで幼虫が孵化し、およそ2週間の間に4回脱皮して5齢幼虫（終齢幼虫）になる。5齢幼虫になると餌は食べなくなり、蛹になる準備を始めるが、この5齢幼虫を1匹ずつ、違う色のケースで飼育し、殻の色の違う蛹になるか試してみるのも面白い。

豆知識②
モンシロチョウの幼虫を飼育していて、蛹になりそうなときに中からうじ虫が出てきた経験はないだろうか。これはアオムシサムライコマユバチという寄生蜂の幼虫である（写真右、その右は成虫）。
野外での寄生率は高いので、アオムシの飼育は卵からがよい。

①羽化直前の蛹。中の成虫が透けて見える。

②蛹の殻から抜け出して移動する。

③体液を送りこんで翅を伸ばす。太かった腹部はすっきりと細くなる。

モンシロチョウの羽化（①～③）。早春に第1回成虫が羽化し、年間5～7回発生を繰り返す。 大橋

モンシロチョウの交尾

鈴木信

田仲

田仲

豆知識③

キャベツのほうも黙って食べられるだけではないことが分かっている。アオムシにかじられたところから寄生蜂を呼び寄せる揮発性物質をだして、アオムシにお灸をすえてもらうのだ。

田村

啓蟄 初候 蟄虫啓戸

新暦でおよそ3月5日～9日

3/5
- ミツマタ開花　2015年 千葉県富津市青木　川名興

3/6
- スギ花（雄花）　2011年 茨城県土浦市　大野透
- コジュケイ採餌　2015年 東京都府中市浅間町浅間山公園　唐沢孝一

3/7
- トウキョウサンショウウオ卵のう　2012年 埼玉県入間市狭山丘陵　川邊透
- イラガ繭　2012年 埼玉県入間市狭山丘陵　川邊透

3/8
- ウグイスカグラ開花　2015年 埼玉県日高市女影　金林和裕
- ヘラサギ飛来　2016年 千葉県市川市行徳野鳥保護区　唐沢孝一

3/9

蟄虫戸を啓く (すごもりむしとをひらく)

越冬していた虫が姿を現すころ。本書では'成虫活動初認'などと記している。活動を開始するのは昆虫だけではない。里山ではウグイスカグラが開花し、トウキョウサンショウウオが産卵の季節を迎える。

ミツマタ
見ごろは3〜4月。

スギ雄花穂
花期は3〜4月ころ。雄花の穂と雌花の穂がある。

コジュケイ
中国原産の鳥で、1919年に日本で放鳥され自然増殖している。

トウキョウサンショウウオ卵のう
主に関東地方に分布。2〜3月ころにバナナ状の卵のうを一対産卵する。

イラガ繭
ウメやカキ、クリなどの枝に独特の繭をつくり越冬する。繭は一年中見られるが落葉時に見つけやすい。

ウグイスカグラ
見ごろは5月ころまで。花後は赤い果実(右)が目立つ。

ヘラサギ
まれに日本に飛来する鳥。水中でへら状のくちばしを左右にふりながら魚を捕らえる。

啓蟄 ║ 次候 ║ 桃始笑

新暦でおよそ3月10日〜14日

3/10　●ミソサザイ越冬　2013年 千葉県市川市大町自然観察園　唐沢孝一

3/11　●ハクモクレン開花　2002年 千葉県安房郡鋸南町市井原　川名興

3/12　●ジンチョウゲ開花　2015年 群馬県太田市ぐんまこどもの国　金子正

3/13　●ケスゲ花　2015年 千葉県南房総市富浦町大房岬　川名興　★見ごろは4〜5月ころ。
　　　●カジイチゴ花　2015年 千葉県南房総市富浦町大房岬　川名興

3/14　●モクレン（シモクレン）開花　2002年 千葉県富津市青木　川名興
　　　●シュレーゲルアオガエル初鳴　1982年 千葉県富津市青木　川名興

桃始めて笑 (ももはじめてさく)

昔は花が咲くことを'笑う'と表現した。桃の花は華やかで、希望を象徴するような色である。さまざまな花が開き始めるころでもある。「寺町や垣の隙より桃の花」(夏目漱石)

ミソサザイ
留鳥または漂鳥。沢や渓流の鳥だが、冬季には平地に下り越冬する。日本で一番小さな鳥の一つ。

ハクモクレン
見ごろは3月下旬ころ。

ジンチョウゲ
見ごろは2月下旬〜3月下旬。

カジイチゴ
見ごろは4〜5月。

モクレン（シモクレン）
見ごろは4月上旬ころまで。ハクモクレンよりやや遅れて咲く。

シュレーゲルアオガエル
指には吸盤があり、樹上生活に適している。4〜5月ころに田んぼの畦の土中などに産卵する。

啓蟄 | 末候 | 菜虫化蝶

新暦でおよそ3月15日〜19日

3/15
- アブラチャン開花　2009年 東京都西多摩郡奥多摩町氷川　金林和裕
- ニホントカゲ初認　2014年 大阪府四條畷市室池　川邉透

3/16

3/17
- モモ開花　2013年 千葉県富津市青木　川名興
- キアシナガバチ営巣　2014年 奈良県大和郡山市矢田丘陵　川邉透

3/18
- 春一番　2014年 東京都　気象庁　★立春を過ぎて最初に吹く南よりの強風。春一番のない年もある。
- カタクリ開花始め　2015年 群馬県桐生市桐生自然観察の森　HP情報
- カンヒザクラ開花盛期　2011年 東京都台東区上野公園　大野透
- ソメイヨシノ開花　2002年 千葉県南房総市　川名興
- ベニシジミ成虫初認　2010年 千葉県富津市青木　川名興

3/19
- タチツボスミレ開花　2015年 群馬県太田市ぐんまこどもの国　金子正
- エドヒガン開花　2015年 埼玉県北本市北本自然観察公園　HP情報
- コブシ開花　2015年 群馬県太田市ぐんまこどもの国　金子正
- モンシロチョウ成虫　2013年 千葉県市川市江戸川周辺　唐沢孝一

菜虫蝶と化る (なむしちょうとなる)

モンシロチョウなどが羽化し、飛びまわるころ。蝶の羽化に呼応するようにタチツボスミレやカントウタンポポ、カタクリなどの花がつぎつぎと開花する。蝶やミツバチが花から花へと飛び交い吸蜜や送粉に余念がない。

アブラチャン
見ごろは4月ころまで。雌雄異株。写真は開き始めの雄花。

ニホントカゲ
驚くとすぐに物かげに隠れる。幼体では尾がコバルトブルーで美しい。

モモ
見ごろは4月ころまで。

キアシナガバチ
獲物を肉団子にして子どもの餌にする。春、越冬した女王蜂が単独で巣をつくりはじめる。

カタクリ
見ごろは4月ころまで。春の一時期だけ地上に姿を現し'スプリング・エフェメラル（春の妖精）'と呼ばれる。

カンヒザクラ
見ごろは3月中旬ころ。漢字では寒緋桜と表す。別名ヒカンザクラ。

ソメイヨシノ
見ごろは4月上旬ころまで。東京の開花平均日は3/26（1981～2010年）。

ベニシジミ
成虫は1年に5～6回発生し3～11月ころ見られる。紅色の翅が特徴だが、夏の成虫は黒っぽい。幼虫の食草はスイバ、ギシギシなど。

タチツボスミレ
スミレ類の見ごろは3～5月。タチツボスミレは少し早く咲くようだ。

エドヒガン
見ごろは4月上旬ころまで。ソメイヨシノは本種とオオシマザクラ（3/30）の交配による雑種とされる。

コブシ
見ごろは3～4月。

モンシロチョウ
3月初～11月ころに見られ、この間に6～7回発生。スジグロシロチョウ（4/12）に似るが、明るい開けた場所を好む。幼虫の食草はアブラナ科植物。p22参照。

春分
しゅんぶん
3月20日～4月3日ころ

春分の日は「自然をたたえ生物をいつくしむ」という趣旨の国民の祝日である。太陽が真東から昇り真西に沈む。昼夜の長さがほぼ同じである。「暑さ寒さも彼岸まで」の言葉どおり、春が本格化し自然観察の意欲が増す季節でもある。

よく見れば薺花（なずな）さく垣ねかな

芭蕉

おすすめの観察テーマ

オドリコソウと
ヒメオドリコソウ

踊り子草とはその花の様相からくる優雅な名前である。地域に残る林のヘリや半日陰の草はらなどに生えるが、都市化の進む環境には少なくなった。いまや生育地はその保存を考えねばならない。

ヒメオドリコソウは明治後半に入ってきたといわれる帰化植物。花は小形で踊り子のイメージは薄いが、近縁ということでいい名をもらった。

草を野草、雑草という区分けをすると、オドリコソウはまさに野草、ヒメオドリコソウはまさに雑草といえる。

（岩瀬徹）

オドリコソウの花

オドリコソウ。この仲間はシソ科というが、かつてはオドリコソウ科といわれた。花の色は赤紫色から白まである。
2016年4月、千代田区皇居周辺

豆知識① 唇形花冠という花の形で、オドリコソウの名前はこれを踊り子に見立てた。ヒメオドリコソウの花は小さいので踊り子らしくないが、よく見ると同じ形をしている。唇形花冠はシソ科の植物の特徴でもある。花弁の傘のような部分の陰に雄しべと雌しべがある。

豆知識② 両種とも四角い茎、対生する葉など、シソ科を代表する特徴を持つ。写真はヒメオドリコソウ。

ヒメオドリコソウの花

ヒメオドリコソウ。田畑のまわり、道ばたや空き地など、人手の加わる日当たりのよい環境に広まっている。花は茎の上部に集まってつく。立春から5月ごろまで見られる。
2007年4月、長野県安曇野市　ZNK

春分 | 初候 | 雀始巣

新暦でおよそ3月20日〜24日

3/20
- コゲラ交尾　2015年 埼玉県戸田市彩湖湖畔　石井秀夫
- ニホンカナヘビ初認　2013年 千葉県富津市青木　川名興

3/21
- アズマイチゲ開花盛期　2009年 埼玉県日高市巾着田　金林和裕
- ニリンソウ開花初期　2009年 埼玉県日高市巾着田　金林和裕
- オツネントンボ成虫　2009年 埼玉県日高市巾着田　金林和裕

3/22

3/23
- タチヤナギ花　2004年 千葉県富津市青木　川名興
- モンキチョウ成虫　2014年 千葉県市川市江戸川周辺　唐沢孝一

3/24
- カントウタンポポ開花　1994年 千葉県富津市志駒　川名興

> **雀始めて巣くう**（すずめはじめてすくう）
> スズメは人家のすき間などで営巣するが、最近の建物はすき間がない。スズメたちは住宅難だ。ところが、スズメもしぶといところがある。電柱のパイプ、公園のトイレ、郊外の"道の駅"などで繁殖するようになった。

ニホンカナヘビ
公園や庭、土手、空地などの草むらに生息する。素早く動き、昆虫やクモなどを捕食する。

石井

コゲラ交尾
留鳥。ギーギーと鳴く日本で最小のキツツキ。1980年代後半には東京都市部にも進出。

石井

アズマイチゲ
見ごろは3～5月。

金林

ニリンソウ
見ごろは4月上中旬まで。

SKD

オツネントンボ
成虫越冬するのでオツネン（越年）。6月ころまで見られるが、7月には次世代の成虫が羽化する。

金林

タチヤナギ
見ごろは3～4月。雌雄異株で写真は雌花（左）と雄花（右）。

ZNK・ZNK

モンキチョウ
成虫は3月末～11月ころに見られる。年5～6回発生。幼虫の食草はシロツメクサなどのマメ科植物。

SKD

カントウタンポポ
見ごろは5月下旬ころまで。

SKD

春分 | 次候 | 桜始開

新暦でおよそ3月25日〜29日

3/25
- ●タビラコ（コオニタビラコ）花　2014年 茨城県行方市　大野透
- ●ウメ開花盛期　2012年 千葉県市川市じゅんさい池緑地公園　大野透
- ●アブラコウモリ初認　2014年 千葉県富津市青木　川名興
  - ★夕方、空地や河川敷を飛ぶのがよく見られる。2014年の終認は11/30。
- ●イワツバメ初認　2015年 群馬県太田市ぐんまこどもの国　金子正

3/26
- ●スミレ開花　2015年 群馬県太田市ぐんまこどもの国　金子正

3/27
- ●キランソウ開花　2015年 東京都中央区浜離宮恩賜庭園　石井秀夫
- ●スズメノテッポウ花　2008年 千葉県富津市西川　川名興
- ●スズメ、サクラの花をちぎる　2015年 東京都中央区於岩稲荷　石井秀夫

3/28
- ●タネツケバナ花　2015年 千葉県市川市江戸川周辺　大野透
- ●ホトケノザ開花盛期　2015年 千葉県市川市　大野透

3/29
- ●タブノキ花　2007年 千葉県富津市青木　川名興

桜始めて開く（さくらはじめてひらく）

桜は、今も昔も花の代名詞である。和歌の世界で'花'は桜を指す。昔は桜といえばヤマザクラを指していたが、今の主役はソメイヨシノだろう。花見で盛り上がるのもよいが、ときには静かに春を楽しみ、自然に感謝しよう。

タビラコ
見ごろは3～6月。
p194参照。

ウメ
品種が多く、1月下旬ころから開花が続く。1/24参照。

イワツバメ
夏鳥。山地のホテルの軒下などでは集団で繁殖する。

スミレ
スミレ類の見ごろは3～5月。

キランソウ
見ごろは5月ころまで。

スズメノテッポウ
見ごろは4～6月。

スズメ
留鳥。サクラの花を根もと付近でちぎって蜜をなめる。

タネツケバナ
見ごろは2月上旬～5月。かつてはこの花の咲くころに種籾を水に漬け苗作りを始めたとされる。

ホトケノザ
見ごろは3～4月だが2月ころから咲く。秋にも咲く。

タブノキ
見ごろは4～5月。

春分 　末候 　｜雷乃発声

新暦でおよそ3月30日〜4月3日

3/30
- オオシマザクラ開花　2014年 千葉県富津市青木　川名興
- ツマキチョウ成虫初認　2015年 東京都練馬区石神井公園　田仲義弘
- ヒメツチハンミョウ成虫初認　2011年 千葉県千葉市加曽利貝塚　田仲義弘

3/31
- アケビ花　2013年 埼玉県北本市北本自然観察公園　金林和裕
- ソメイヨシノ満開　2016年 東京都　気象庁

4/1
- ヒメオドリコソウ花　2012年 千葉県松戸市周辺　大野透
- アカヤシオ見ごろ　2015年 茨城県つくば市筑波実験植物園　HP情報　★見ごろは5月上旬ころまで。
- ヤマザクラ開花　2015年 埼玉県北本市北本自然観察公園　HP情報

4/2
- ミズバショウ開花　2015年 群馬県太田市ぐんまこどもの国　金子正
- ヤマブキ開花　2015年 群馬県太田市ぐんまこどもの国　金子正
- キアゲハ成虫初認　2015年 東京都葛飾区水元公園　田仲義弘

4/3

> **雷乃声を発す** (かみなりすなわちこえをはっす、かみなりこえをはっす)
> 春の訪れを告げる'春雷'が鳴り響くころ。夏の雷は入道雲の出る午後に多いが、春雷は寒冷前線の通過の際に発生するため昼夜の区分なく発生する。「にわかなる梅の嵐や春の雷」(日野道城)

オオシマザクラ
見ごろは4月下旬ころまで。ソメイヨシノは本種とエドヒガン(3/19)の交配による雑種とされる。

ツマキチョウ
成虫は3月下旬～5月上旬ころに見られる。前翅の先端が黄色でとがっているのが特徴。

ヒメツチハンミョウ
成虫は4～6月ころ見られる。生活史は複雑で、土中に産卵し、孵化した幼虫が花に移動、訪花した花蜂に付いて巣内に入り、寄生する。

アケビ
見ごろは4～5月。雄花と雌花がある。

ソメイヨシノ
東京の満開平均日は4/3 (1981～2010年)。写真は上野公園。

ヒメオドリコソウ
見ごろは3～5月。p30参照。

ヤマザクラ
見ごろは4月上旬ころまで。

ミズバショウ
高地(尾瀬など)では6月上旬ころまでが見ごろ。

ヤマブキ
見ごろは5月ころまで。果実ができないのは八重咲きの品種で、多くは実をつける。

キアゲハ
蛹で越冬し成虫は4～9月ころに見られる。ナミアゲハ(4/20)に似る。幼虫の食草はセリ科。

清明

せいめい
4月4日〜19日ころ

老いて尚なつかしき名の母子草　虚子

春の暖かな日差しのもと、天地万物が清らかで生き生きとするころで、'清浄明潔（しょうじょうめいけつ）'を略したものが清明である。一年を寒季と暖季に分けると、清明が境目となる。冬鳥と夏鳥の入れ替わりの季節でもある。

ナナホシテントウは外部から刺激を受けると関節から黄色い液を出す（➡印）。これを'反射出血'という。この液体は粘性があり異臭がする。外敵に対する防御物質と考えられている。

勢いよく伸びるカラスノエンドウ。詳しく観察すると、ここでくらす虫たちの世界が見えてくる。
2011年4月、千葉県松戸市　SKD

おすすめの観察テーマ

カラスノエンドウとアブラムシとテントウムシ

暖かくなると、冬を越した植物が勢いをつけ、鮮やかな緑を見せてくれる。最盛期をむかえたカラスノエンドウやナズナを近くで見ると、伸びたばかりの新しい茎にびっしりとアブラムシがついている。アブラムシはものすごい繁殖力で増えるが、一方ではテントウムシやヒラタアブ、クサカゲロウなど捕食者たちの格好の餌になる。
テントウムシ類ではナナホシテントウとナミテントウが多く見られる。どちらも成虫で越冬し春早くから活動する。
植物とそれに寄生する昆虫、捕食性昆虫の関係を、季節を変えていろいろな植物で観察してみよう。

（平井一男）

マメアブラムシ。口針を茎に刺して吸う。植物にとってはやっかいものだが、捕食性昆虫などにとっては重要な栄養源だ。カラスノエンドウには本種のほか何種類かのアブラムシがいる。

ナナホシテントウ成虫。名前のとおり七つの星がある。早春から、あるいは冬でも暖かい日には活動し、植物の上を忙しそうに動きまわる。

アブラムシを食べるナナホシテントウ幼虫。餌がないときは共食いをする。

ナミテントウ幼虫。ナナホシテントウよりも体色が黒く、橙色の斑紋が異なる。

ナミテントウの産卵。成虫の斑紋はいろいろ変化があるが、黒地に赤い斑紋が2個のタイプが最も多い。ナナホシテントウよりやや遅れて活動し、木本植物で見ることが多い。

アブラムシを食べるヒラタアブ幼虫。

クサカゲロウ幼虫。この仲間には食べかすなどを背負うものもいる。カムフラージュのためだろうか。

清明 | 初候 | 玄鳥至

新暦でおよそ4月4日～9日

4/4 ● カリン開花　2015年 埼玉県越谷市大吉調節池 石井秀夫

4/5 ● オドリコソウ開花盛期　2013年 東京都千代田区千鳥ヶ淵 大野透

4/6

4/7 ● ナガミヒナゲシ花　2011年 千葉県富津市青木 川名興

4/8 ● ヤマエンゴサク開花盛期　2012年 東京都八王子市裏高尾 川邊透
● ビロードツリアブ交尾　2014年 大阪府東大阪市生駒山 川邊透

4/9 ● チゴユリ開花　2015年 群馬県太田市ぐんまこどもの国 金子正
● クヌギ花　2016年 茨城県坂東市茨城県自然博物館 大野透
● ドウダンツツジ開花　2015年 群馬県太田市ぐんまこどもの国 金子正
● ハウチワカエデ花　2016年 茨城県坂東市茨城県自然博物館 大野透
● アメンボ成虫　2014年 大阪府四條畷市室池 川邊透

> **玄鳥至る**（げんちょういたる、つばめきたる）
> ツバメは早く日本に戻り繁殖場所を確保したい。しかし、帰国を急げば寒波に出会うリスクが高まる。寒さで昆虫が飛ばなければ、餓死しかねない。初認のツバメを見たら「よく頑張ったね」と声をかけてやりたい。

カリン
見ごろは5月上旬ころまで。

オドリコソウ
見ごろは6月ころまで。p30参照。

ナガミヒナゲシ
見ごろは4～6月。急速に増えた帰化植物。

ヤマエンゴサク
見ごろは5月ころまで。

ビロードツリアブ
成虫は4～5月ころに見られる。ホバリングしながら長い口吻で吸蜜する。幼虫は花蜂類の幼虫に寄生する。

チゴユリ
見ごろは4月上旬～6月。

クヌギ
雄花の穂が目立つが、その枝先に小さな雌花がある。果実は2年越しで熟す。

ドウダンツツジ
見ごろは4～5月。

ハウチワカエデ
見ごろは5月中旬まで。雄花と両性花がある。写真は雄花。

アメンボ
成虫は3～11月ころに見られる。べっこう飴のにおいがするのでこの名がある。写真はオオアメンボ。

清明 | 次候 | 鴻雁北

新暦でおよそ4月10日〜14日

4/10
- ヒメギフチョウ成虫　2004年 宮城県仙台市太白山自然観察の森　石井秀夫
- カラスノエンドウにつくアブラムシ　2015年 千葉県柏市篠籠田　高野典子
- シオヤトンボ羽化　2005年 千葉県市川市大町自然観察園　田仲義弘

4/11
- ミツバツツジ満開　2014年 群馬県桐生市桐生自然観察の森　HP情報

4/12
- イチリンソウ開花盛期　2015年 埼玉県日高市巾着田　金林和裕
- ヘビイチゴ開花初期　2016年 東京都千代田区皇居周辺　大野透
- ユウゲショウ花　2016年 東京都千代田区皇居周辺　大野透
- サルトリイバラ開花　2015年 埼玉県日高市巾着田　金林和裕
- スジグロシロチョウ成虫初認　2015年 群馬県太田市ぐんまこどもの国　金子正

4/13
- スズメノエンドウ花　2014年 東京都江東区木場公園　大野透
- ギフチョウ成虫　2011年 神奈川県相模原市篠原地区　唐沢孝一
- コツバメ成虫初認　2014年 千葉県千葉市加曽利貝塚　田仲義弘
  - ★蛹で越冬し、成虫は春先に見られる。幼虫の食樹はツツジ類の蕾。

4/14

鴻雁北へかえる（こうがんかえる、こうがんきたへかえる）

雁が繁殖地の北国へ帰っていくころ。日本で越冬する雁には、マガン、ヒシクイ、オオヒシクイなどがいる。北帰行は2月下旬に始まり、中継地をへて、4月下旬ころに第一陣がカムチャツカなどの繁殖地に到着する。

マメアブラムシ
カラスノエンドウにはマメアブラムシなど数種のアブラムシがつく。p38参照。

シオヤトンボ
成虫は4〜7月ころに見られる。よく似たシオカラトンボよりも小さく、早く現れる。

ヒメギフチョウ
p48、5/11参照。

ミツバツツジ
見ごろは4月中旬ころ。

イチリンソウ
見ごろは5月ころまで。

ヘビイチゴ
見ごろは4〜6月。赤い果実も目立つ。

ユウゲショウ
見ごろは5〜10月。名前に反して花は未明に開く。

サルトリイバラ
見ごろは4月上旬。雌雄異株。写真は雄花。葉をかしわ餅に利用する地方もある。

スジグロシロチョウ
成虫は3月末〜10月ころに見られる。モンシロチョウ（3/19）に似るが本種は日陰を好む。幼虫の食草はアブラナ科植物。

スズメノエンドウ
見ごろは5月ころまで。

ギフチョウ
成虫は春に見られ、分布・生息は限定的。幼虫の食草はカンアオイ、ウスバサイシン。p48参照。

清明 末候 虹始見

新暦でおよそ4月15日〜19日

4/15
- キケマン花　2008年 千葉県南房総市富浦町大房岬　川名興
- テングチョウ産卵　2016年 東京都調布市・小金井市・三鷹市野川公園　田仲義弘

4/16
- ホウチャクソウ開花　2015年 群馬県太田市ぐんまこどもの国　金子正
- クワ花　2011年 見沼田んぼ　大野透
- ユキヤナギ開花　2015年 群馬県太田市ぐんまこどもの国　金子正
- ダイサギ婚姻色　2008年 千葉県市川市こざと公園　唐沢孝一
- ツバメ営巣開始　2016年 千葉県市川市マンション通用口壁面　大野透
- ヤマトシジミ成虫初認　2015年 群馬県太田市ぐんまこどもの国　金子正
- トホシクビボソハムシ成虫　2013年 見沼田んぼ　大野透
- ゴミグモ初認　2015年 群馬県太田市ぐんまこどもの国　金子正
- ワカバグモ成体初認　2015年 群馬県太田市ぐんまこどもの国　金子正
  ★透明感のある緑色で、葉の上では見つけにくい。。

虹始めて見る (にじはじめてあらわる)

虹の正体は光と水滴である。春に光りが強まり、雨の水滴が大きくなるにつれ虹は出やすくなる。空模様が「晴れ→急な雨→晴れ」と大きく変化したときは、太陽とは反対側の空を見上げて見よう。

キケマン
見ごろは4～5月。

テングチョウ
越冬成虫が3月から活動を始め、秋に次世代の成虫が現れる。天狗のような長い鼻は下唇ひげ。幼虫の食樹はエノキなど。

ホウチャクソウ
見ごろは5月ころまで。

クワ
見ごろは4～5月。雌雄異株。写真は雌花穂（左）と雄花穂（右）。花後に赤～濃紫色の実が目立つ。

ユキヤナギ
見ごろは3月下旬～4月中旬。

ダイサギ婚姻色
留鳥。繁殖期には雌雄とも目の先の部分が青緑色になる。

ツバメの営巣
夏鳥。泥とワラなどにだ液をまぜて巣造りをする。p74参照。

ヤマトシジミ
成虫は4～11月ころ見られ、この間に5～6回発生する。小さなチョウだが、よく見ると翅の内側は美しい青紫色。幼虫の食草はカタバミ類。

トホシクビボソハムシ
11月ころまで発生を繰り返し、クコの植物体上で多数見られる。名前は十星だが斑紋のないタイプも多い。幼虫は自分の糞を背負う。

ゴミグモ
林縁に網を張り、帯状のゴミや卵のうは目立つが、それらにまぎれてクモ本体は見つけにくい。

清明 | 末候 | 虹始見 (つづき)

新暦でおよそ4月15日〜19日

4/17
- セッカ鳴声　1984年 千葉県富津市青堀駅　川名興
- フナムシ初認　2004年 千葉県南房総市富浦町大房岬　川名興

4/18
- イロハモミジ開花盛期　2016年 茨城県坂東市茨城県自然博物館　大野透
- ナガメ交尾　2016年 東京都江東区木場公園　大野透
- シオカラトンボ成虫初認　2013年 千葉県富津市西川　川名興
- ネコハエトリ成体　2016年 茨城県坂東市茨城県自然博物館　川名興

4/19
- カスマグサ開花　2014年 埼玉県越谷市大吉調節池　石井秀夫
- フジ（ノダフジ）開花　1987年 千葉県富津市青木　川名興
- コアジサシ初認　2013年 千葉県市川市江戸川周辺　唐沢孝一
- アカスジチュウレンジ産卵　2009年 埼玉県さいたま市秋ヶ瀬公園　田仲義弘
  - ★成虫は10月ころまで見られる。バラ類の茎内に産卵する。
- オオスズメバチ成虫　2009年 埼玉県桶川市　平井一男
- ニホンミツバチ分蜂（分封）　2009年 埼玉県桶川市　平井一男

セッカ
留鳥。上昇時はヒッヒッヒ、下降時はチャチャッ、チャチャッと鳴く。

フナムシ
海岸の岩礁などに生息。動きは素早く、近づくと身を隠す。昆虫ではなくワラジムシの仲間。

イロハモミジ
芽が開くとすぐに開花する。見ごろは5月ころまで。雄花（左）と両性花（右）がある。別名イロハカエデ。

ナガメ
アブラナ科植物の上で10月ころまで見られる。

シオカラトンボ雄（未成熟）
成虫は4〜10月ころに見られる。初め雌雄とも黄褐色だが、雄は成熟すると青灰色になる。雌は黄褐色のままでムギワラトンボともいわれる。

ネコハエトリ
植物体上をピョンピョンと身軽に飛び回る。クモの合戦に使われる。p60参照。

カスマグサ
見ごろは4〜5月。カラスノエンドウ（2/13）とスズメノエンドウ（4/13）の中間のようだというので「カス間」とされた。

フジ（ノダフジ）
見ごろは5月ころまで。

コアジサシ
夏鳥。海岸や川岸の砂地や小石の上で繁殖する。写真は小魚を捕えた瞬間。

オオスズメバチ
スズメバチ類は女王蜂が単独で越冬し（p187参照）、春に活動を始めて新しい巣と家族をつくる。よく樹液に集まる。

ニホンミツバチ分蜂（分封）
群れに新女王が生まれると、先代女王蜂は数千の働き蜂を連れて巣を離れる。新しい巣に落ち着くまで大きな塊になる。

穀雨
こくう
4月20日～5月4日ころ

雨降って田畑を覚す穀雨かな　橋本幹夫

穀物を育てる恵みの雨が降る季節で穀雨という。人里では種まきの準備が始まる。農耕民族である日本人にとって待ちに待った季節だ。穀雨の終わる5月2日ころが八十八夜で、茶畑などは遅霜への注意が必要だ。

おすすめの観察テーマ

春の妖精、ヒメギフチョウの季節

4月下旬、関東平野の北部の赤城山ではヒメギフチョウが羽化する季節を迎える。ヒラヒラと林の間を飛び交う姿は妖精のように可憐で美しい。地元では'赤城姫'の愛称で親しまれている。氷河期からの生き残りで、寒冷な時代には平地にも生息していた。が、地球の温暖化にともない、北方へあるいは山の上へと移動したと考えられ、関東地方では赤城山のみに分布している。
羽化したヒメギフチョウは、日当たりのよい落葉の上で休み、体温が上がると飛び立って、カタクリやスミレ類などの早春の花を探して吸蜜する。時には、交尾のシーンに出合うこともある。
交尾を終えた雌は、食草のウスバサイシンの葉の裏側に産卵する。やがて卵は幼虫となり、蛹となって休眠に入る。蛹で夏や冬を過ごして4月下旬に再び赤城姫が誕生する。

（唐沢孝一）

ウスバサイシンの葉の裏側に卵を産みつけるヒメギフチョウ

豆知識①　葉裏の幼虫観察には鏡が威力を発揮する。孵化した幼虫は集団で生活して成長し6月までに蛹になる。夏と冬を休眠で過ごし、翌春に再び蝶が孵化する。
2010年6月21日、群馬県赤城山

豆知識②　東日本にはヒメギフチョウが、西日本にはギフチョウが分布し、棲み分けている。長野県や東北地方の境界線付近では両種を一緒に見ることができる。
上の写真はギフチョウ。➡印の黄色のライン先端が内側に曲がっているのが見分けるポイント。
2016年3月31日、新潟県角田山

カタクリを吸蜜するヒメギフチョウ。
2010年4月25日、長野県安曇野市　唐沢

穀雨 初候 葭始生

新暦でおよそ4月20日〜24日

4/20
- オオヨシキリ初認　2015年 埼玉県北葛飾郡松伏町まつぶし緑の丘公園　石井秀夫
- ナミアゲハ成虫初認　2009年 千葉県富津市青木　川名興
- セグロアシナガバチ営巣　2011年 神奈川県横浜市緑区新治市民の森　川邊透
- ナナホシテントウ羽化　2011年 神奈川県横浜市緑区新治市民の森　川邊透

4/21
- コアシナガバチ営巣　2016年 東京都江東区亀戸　田仲義弘
- オオカマキリ孵化　2016年 東京都葛飾区水元公園　田仲義弘

トウダイグサ
花期は3〜4月ころ。形を昔の燈明台にたとえて'燈台草'の名がある。花の構造は少し変わっている。
青木

> 葭始めて生ず (あしはじめてしょうず、よしはじめてしょうず)
> アシは古事記にも登場するが、現代の標準和名ではヨシ。春に地下茎から萌芽する。俳句の世界では'葦の角（あしのつの）'といって、昔からヨシの芽の尖ったところに注目していた。その観察力を見習いたい。

オオヨシキリ
夏鳥。雄が先に渡来して縄張りを形成する。5〜7月ころにさえずりが盛んになる。

ナミアゲハ
成虫は4〜10月ころに見られる。キアゲハ（4/2）に似る。幼虫の食樹はミカン科。アゲハ、アゲハチョウともいう。

セグロアシナガバチ営巣
アシナガバチ類は女王蜂が単独で越冬し、春に巣をつくり始める。その後子供（働き蜂）を増やし梅雨のころに急速に巣が大きくなる。

ナナホシテントウ羽化
成虫は3〜10月ころに見られるが、成虫で越冬するため真冬でも暖かい日には活動する。成虫、幼虫ともにアブラムシを捕食する。p38参照。

コアシナガバチ営巣
セグロアシナガバチの項参照。

オオカマキリ孵化
卵のうから次々に出て糸でぶら下がるのは前幼虫（写真）。それが脱皮して幼虫となる。成虫は10/11参照。

穀雨 | 初候 | 葭始生（つづき）

新暦でおよそ4月20日～24日

4/22
- アオダモ開花　2015年 群馬県太田市ぐんまこどもの国　金子正　★見ごろは5月ころまで。雌雄異株。
- キビタキ初認　2015年 群馬県太田市ぐんまこどもの国　金子正
- コサギ婚姻色　2008年 千葉県市川市大柏川周辺　唐沢孝一
- サンショウクイ初認　2015年 群馬県太田市ぐんまこどもの国　金子正

4/23
- ハハコグサ開花　2015年 群馬県太田市ぐんまこどもの国　金子正
- ヒトリシズカ開花　2015年 群馬県太田市ぐんまこどもの国　金子正
- イヌザクラ花　2016年 千葉県市川市堀之内　大野透
- クマバチ成虫　2014年 千葉県柏市豊上町　高野典子

4/24
- オオルリ渡来　2010年 長野県安曇野市烏川緑地　唐沢孝一

キビタキ
夏鳥。4月下旬ころに渡来し、山地の広葉樹林で繁殖する。渡りのときに市街地の公園に立ち寄るのが見られる。
唐沢

コサギ
留鳥。繁殖期には雌雄とも目の先や足指が赤くなる。
唐沢・唐沢・唐沢

サンショウクイ
夏鳥。広葉樹林に生息する。渡りのときに公園などに立ち寄る。
本多

ハハコグサ
見ごろは3～5月。p194参照。
ZNK

ヒトリシズカ
見ごろは5月上旬ころまで。白い糸状のものは雄しべの花糸で、その付け根に葯がある。名前は静御前に由来するという。
SKD・SKD

イヌザクラ
見ごろは5月上旬ころまで。花は総状につく。
SKD

クマバチ
春4月ころ、空中でホバリングする雄成虫が目立つ（雌を待つ縄張り行動）。木材の孔に営巣し花粉と蜜で子育てをするミツバチの仲間。
石井

オオルリ
夏鳥。4月下旬ころに群れで渡来し、その後分散する。沢沿いの樹林に生息し、雄は美声でさえずる。
清水

53

穀雨 | 次候 | 霜止出苗

新暦でおよそ4月25日〜29日

4/25
- ●アミガサタケ　2014年　千葉県印旛郡栄町　矢作佳代子

4/26
- ●センチコガネ成虫　2015年　神奈川県横須賀市安針塚公園　荻原健二
- ●ヨコヅナサシガメ成虫　2015年　神奈川県横須賀市安針塚公園　荻原健二

4/27
- ●シロツメクサ開花　1995年　千葉県富津市青木　川名興
- ■ニワゼキショウ花　2016年　東京都葛飾区水元公園　大野透
- ●ヒルザキツキミソウ花　2016年　東京都葛飾区水元公園　大野透
- ●クロハネシロヒゲナガ成虫　2016年　東京都葛飾区水元公園　大野透

4/28
- ●センダイムシクイ初認　2002年　東京都千代田区日比谷公園　千代田の野鳥と自然の会
  - ★夏鳥。さえずりは「焼酎一杯グィー」と聞こえる。
- ●アオスジアゲハ成虫初認　1999年　千葉県富津市飯野小学校　川名興
- ■トラフシジミ産卵　2015年　京都府木津川市　川邊透
- ●モモブトカミキリモドキ成虫　2013年　千葉県市川市江戸川周辺　大野透

4/29
- ●コアオハナムグリ成虫　2015年　千葉県柏市新富町　高野典子

霜止んで苗出ずる (しもやんでなえいずる)

霜も降らなくなり苗代の苗が育つころ。農作業もいよいよ忙しくなる季節だ。シロツメクサやニワゼキショウが咲き、アオスジアゲハが飛び交う。サンショウクイやセンダイムシクイなどが都会の公園を通過していく。

アミガサタケ
欧州で食用として人気が高いきのこ。

センチコガネ
成虫は4〜11月ころに見られる。獣糞下の土中に縦穴を掘り、糞を詰めて産卵する。センチは雪隠（便所）のこと。

ヨコヅナサシガメ
サクラなど各種の樹上にいて昆虫を捕える。腹部の白黒紋様を横綱のまわしに見立てた名前だろう。近年急速に増えた帰化昆虫。幼虫は12/27参照。

シロツメクサ
見ごろは3月下旬〜7月下旬。かつてオランダからの船荷に詰められたので'詰め草'だという。別名クローバ。

ニワゼキショウ
花期は4〜6月だが見ごろは5月。

ヒルザキツキミソウ
見ごろは5〜9月。月見草（マツヨイグサ）の仲間だが日中も咲いているので'昼咲き'。

クロハネシロヒゲナガ雄
成虫は5月上旬ころに見られる。雄成虫は長い触角があり、イネ科の草はらをひらひらと飛び回る。

アオスジアゲハ
蛹で越冬し春に羽化。9月ころまでに3回発生する。幼虫の食樹がクスノキなどのため都市部にも多い。

トラフシジミ産卵
成虫は4〜8月ころに見られる。春型と夏型があり、春型はトラのような縞模様が目立つ。幼虫の食草はフジ、クズなど。

モモブトカミキリモドキ雄
成虫は4〜6月ころ、ハルジオンなどを訪花する。雄の後脚腿節が太い。幼虫はススキやオギ茎内を食べる。

コアオハナムグリ
成虫は4〜10月ころに見られ、個体数は多い。花に頭を突っ込むようにして花粉や蜜を食べるので'花潜り'。

穀雨 末候 牡丹華

新暦でおよそ4月30日〜5月4日

4/30
- ●シャガ開花　2015年　群馬県太田市ぐんまこどもの国　金子正　★見ごろは4月中旬〜5月。
- ●キリ開花　2015年　群馬県太田市ぐんまこどもの国　金子正
- ●ハナミズキ（アメリカヤマボウシ）開花　2015年　群馬県太田市ぐんまこどもの国　金子正
- ヤマツツジ開花　1995年　千葉県富津市青木　川名興　★見ごろは4〜6月下旬ころ。
- ●ホトトギス初鳴　2009年　千葉県富津市青木　川名興
- ●ムナグロ初認　2015年　埼玉県草加市柿木町柿木田んぼ　石井秀夫
- ●シマヘビ初認　2014年　大阪府四條畷市室池　川邊透
- ●オナガアゲハ成虫初認　2015年　群馬県太田市ぐんまこどもの国　金子正

5/1
- ●クリンソウ開花盛期　2015年　京都市左京区貴船　川邊透
- ●トチノキ開花　2015年　群馬県太田市ぐんまこどもの国　金子正
- ●ユリノキ開花　2015年　群馬県太田市ぐんまこどもの国　金子正
- ●ニホンヤモリ幼体　2014年　大阪府東大阪市生駒山　川邊透
- ●クロアゲハ成虫初認　1997年　千葉県富津市飯野小学校　川名興
  ★成虫は9月ころまで見られる。幼虫の食樹はミカン科植物。
- ●クロヒラアシキバチ産卵　2016年　東京都練馬区石神井公園　田仲義弘
- ●オオワラジカイガラムシ交尾　2014年　大阪府東大阪市生駒山　川邊透

オニグルミ
花期は5〜6月ころ。同じ株に雌花序と雄花序がつく。果実は秋に熟す。川沿いや山野などに多く見られる。
青木

牡丹華さく（ぼたんはなさく）

ボタンの花が咲くころ。中国では花の王と尊ばれ美しさに魅了されている。ところが本候は日本でアレンジされたものであり、元になった中国の七十二候にはボタンは登場しない。「薄色の牡丹久しく保ちけり」（正岡子規）

キリ
見ごろは5月上旬ころまで。

ハナミズキ
見ごろは4〜5月。白いのは総苞で、多数の小さな花がその中心にある。アメリカハナミズキと呼ぶのは誤り。

ホトトギス
夏鳥。平地から亜高山帯に生息し、ウグイスに托卵する。

ムナグロ
旅鳥。春秋の渡りのときに水田や干潟、草地で見られる。

クリンソウ
高原では6月中旬ころまでが見ごろ。

トチノキ
見ごろは5月上〜中旬。

シマヘビ
日本各地に普通。日当たりのよい石垣や草地などで見られる。

オナガアゲハ
成虫は4〜9月ごろに見られる。尾のような突起が長い。幼虫の食樹はミカン科植物。

ユリノキ
見ごろは5月末ころまで。果実は11/3参照。

ニホンヤモリ幼体
夜行性で、街灯などに集まる昆虫を捕食するのが観察できる。

クロヒラアシキバチ
キバチの仲間は樹勢の衰えた幹に産卵する。幼虫は材を食べる。産卵後、産卵管が抜けずに息絶えた姿もよく目にする。

オオワラジカイガラムシ交尾
5〜6月ころに見られる。雄雌の形態が大きく異なる。カイガラムシとしては大型で、雌成虫に脚があるカイガラムシは本種のみ。

穀雨 | 末候 | 牡丹華(つづき)

新暦でおよそ4月30日〜5月4日

5/2
- ウマノオバチ成虫初認　2010年　東京都あきる野市引田　田仲義弘
  ★成虫は5〜6月ころに見られる。雌は長い産卵管でクリやクヌギの樹幹内のシロスジカミキリ幼虫に産卵する。
- オツネントンボ産卵　2014年　長野県岡谷市　大野透

5/3
- ウラシマソウ開花盛期　2011年　千葉県我孫子市岡発戸・都部谷津　大野透
- エゾタンポポ開花盛期　2013年　長野県岡谷市　大野透
- ハルジオン開花盛期　2011年　千葉県我孫子市岡発戸・都部谷津　大野透
- エゴツルクビオトシブミ揺籃づくり　2010年　千葉県市川市大町自然観察園　大野透
- キクスイカミキリ交尾　2007年　埼玉県上尾市　平井一男
- クロスジギンヤンマ羽化　2005年　東京都八王子市長池公園　田仲義弘
- ムカシトンボ産卵　2005年　東京都八王子市高尾山　田仲義弘
- ヤマトシリアゲ成虫(春型)　2011年　千葉県我孫子市岡発戸・都部谷津　大野透

5/4
- タツナミソウ花　2011年　茨城県土浦市　大野透
- ツマグロヒョウモン成虫　2015年　埼玉県桶川市　平井一男
- マガリケムシヒキ成虫　2015年　埼玉県上尾市　平井一男

オツネントンボ産卵
越冬した成虫は春に産卵する。7月ごろには次世代の成虫が現れそのまま越冬する。3/21参照。

SKD

ウラシマソウ
見ごろは3月下旬～5月上旬。雄→雌へと性転換をする。

SKD

エゾタンポポ
見ごろは3～7月。名前はエゾだが、中部～関東以北に分布する。

SKD

ハルジオン
見ごろは4月上旬～6月。つぼみのときに花序が下向きに垂れる。

SKD

エゴツルクビオトシブミ揺籃づくり
オトシブミ（落とし文）の仲間は葉をまいて中に産卵する（揺籃）。本種はエゴノキの葉を巻き揺籃を樹上に残す。

SKD

キクスイカミキリ交尾
成虫は4～5月ごろに見られる。ヨモギなどキク科植物の茎に傷をつけて産卵するため、茎の先がしおれる。幼虫は茎内部を食べる。

山崎

クロスジギンヤンマ羽化
成虫は4～8月ごろに見られる。ギンヤンマ(5/13)に似るが薄暗い水辺を好む。

田仲

ムカシトンボ産卵
成虫は4～5月ごろに、渓流沿いなどで見られる。トンボとイトトンボの中間的な特徴を持ち、生きた化石ともいわれる。

田仲

ヤマトシリアゲ（春型）
腹部の先をサソリのように上げるので'尻上げ'。林縁で見られる。春～初夏の第1回成虫（春型）は体色が黒い。秋型は9/19参照。

SKD

タツナミソウ
見ごろは5～6月。一方向にそろって咲く花のようすが波頭を思わせるので'立浪草'の名がついたとされる。

SKD

ツマグロヒョウモン
成虫は4～11月ごろに見られる。写真は雌で翅先が黒い（褄黒）。暖地性だが分布を拡大し、関東ではすでに定着。幼虫の食草はスミレ類。

SKD

マガリケムシヒキ
成虫は5～10月ごろに見られる。頭部の後方に曲がった毛の列がある。ムシヒキアブ類は飛んでいるほかの昆虫を捕えて食う。

SKD

立夏
りっか
5月5日～20日ころ

しだいに夏らしくなってくるころ。新緑の中を気持ちの良い風が吹き抜けていく季節でもある。暦の上ではこの日から夏が始まる。この季節は自然観察には最も忙しいことだろう。

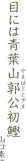

目には青葉山郭公初鰹

山口素堂

おすすめの観察テーマ

クモの合戦

クモの合戦はいくつかの地域で行われ、いろいろな種類のクモが土俵士として活躍している。筆者の住む千葉県富津市ではネコハエトリ（地元ではフンチという）を戦わせる。江戸時代から続く伝統行事として毎年5月4日にクモ合戦の大会が行われ、トーナメント方式で横綱を決めるのだ。（富津フンチ）

2匹のネコハエトリが土俵に登場すると、ほどなく戦いが始まる。

向かい合った戦士たちは、前脚（第1歩脚）を高く掲げ、小刻みに振って相手を威嚇する。そして互いにじりじりと接近して、ついには押し合い、激しい取っ組み合いになる。耐え切れずに逃げた方が負けとなる。

ネコハエトリの合戦は「ホンチ」といって神奈川県でも行われている。また鹿児島県の加治木町ではコガネグモによる合戦が大々的に行われている。

ネコハエトリの合戦は雌をめぐっての雄どうしの決闘と考えられている。手近にマッチ箱などでも土俵にできるので、試してみてはいかがだろうか。

（川名興）

富津フンチを描いた切り絵。地元の伝統行事として人気が高く、日本三大クモ合戦の一つとされる。

富津フンチのにぎわい。多くの愛好家がネコハエトリを採集・飼育し、横綱を目指して調教する。　唐沢

戦士たちが土俵に上がると、
にらみ合いのあと、戦いが始まる。
2014年5月4日、千葉県富津市
重城

豆知識①

ネコハエトリ雄成体（ハエトリグモ科）。体長6〜7mmの小さなクモだが、植物体上をピョンピョンと跳ねて身軽に移動する。獲物は名前のとおりハエなどの小昆虫。

唐沢

前脚を高く掲げ背伸びをするのは、体を大きく見せるためだろうか。
前脚が長いものが強いとされているが…

豆知識②

コガネグモの合戦。棒の上で戦い、落ちたり糸に巻かれたりすると負けとなる。こちらは雌どうしの争いだ。写真は千葉市下大和田のクモの合戦。

重城

戦いの前に特別な液をクモに与える愛好家もあるという。いったい何だろう。それは秘中の秘とされている。

田中

立夏 | 初候 | 蛙始鳴

新暦でおよそ5月5日～9日

5/5
- オヤブジラミ開花　2013年 埼玉県日高市北平沢　金林和裕
- カマツカ開花盛期　2013年 埼玉県日高市北平沢　金林和裕
- アカボシゴマダラ成虫（春型）　2015年 埼玉県上尾市　平井一男
- クロオオアリ羽蟻　2016年 東京都練馬区石神井公園　田仲義弘
  - ★5～6月ころ巣から羽蟻が飛び立ち、交尾して新女王が新しい巣をつくる。

5/6
- ジャコウアゲハ羽化　2014年 千葉県山武郡芝山町　矢作佳代子
- エゴシギゾウムシ成虫　2014年 大阪府四條畷市室池　川邊透
- コオニヤンマ成虫交尾　2015年 埼玉県入間郡越生町　平井一男
- メダカ群泳　2015年 京都府木津川市鹿背山　川邊透

ハハコグサ
別名ホウコグサ。花期3～5月。漢字で書くと母子草。おぎょう（御行）の名で春の七草のひとつ。
青木

> 蛙始めて鳴く（かわずはじめてなく、かえるはじめてなく）
> この季節に初めて鳴くのは、シュレーゲルアオガエルか、ニホンアマガエルか、いずれにせよ雨に恵まれ、田には水が引かれ、カエルたちは朝までラブソングを歌う。「卯の花や水の明かりに鳴く蛙」(一茶)

オヤブジラミ
見ごろは4〜5月上旬。よく似たヤブジラミ (5/16) よりも少し早く咲く。

カマツカ
見ごろは4〜5月。樹が堅く、鎌の柄に利用したという。

アカボシゴマダラ（春型）
幼虫で越冬し、春に羽化した第1回成虫は全体が白っぽい。夏型は8/8参照。幼虫の食樹はエノキ。

ジャコウアゲハ羽化
成虫は4月末〜9月ころまで見られる (年3〜4回発生)。雄成虫は麝香 (じゃこう) のような香りがある。写真は雌。幼虫の食草はウマノスズクサ類。

エゴシギゾウムシ
成虫は4〜8月ころに見られる。シギゾウムシの仲間はシギのような長い口吻で果実に孔を開けて産卵する。

コオニヤンマ
成虫は5〜9月ころに清流の近くで見られる。オニヤンマ (6/28) に似るが頭部が小さい。p107参照。

メダカ群泳
流れに向かって大きな群れをつくる。これを「めだかの学校」にたとえた。

立夏 | 初候 | 蛙始鳴(つづき)

新暦でおよそ5月5日〜9日

5/7
- アヤメ開花　2015年 群馬県太田市ぐんまこどもの国　金子正
- ナルコユリ開花　2015年 群馬県太田市ぐんまこどもの国　金子正
- ヒルガオ開花　2015年 群馬県太田市ぐんまこどもの国　金子正
- フタリシズカ開花　2015年 群馬県太田市ぐんまこどもの国　金子正
- ミズキ開花　2015年 群馬県太田市ぐんまこどもの国　金子正
- ツツドリ初認　2015年 群馬県太田市ぐんまこどもの国　金子正　★夏鳥。ポンポンと筒をたたいたような声で鳴く。
- ギンイチモンジセセリ成虫　2006年 千葉県我孫子市岡発戸・都部谷津　田仲義弘
- ハルゼミ初認　2015年 群馬県太田市ぐんまこどもの国　金子正
  ★ほかのセミに先駆けて4月下旬〜6月ころに見られる。松林に多い。。

5/8
- ヤマトシロアリ羽蟻　2012年 東京都江東区亀戸　田仲義弘

5/9
- カワセミ求愛給餌　2010年 埼玉県北本市北本自然観察公園　辻智隆

アヤメ
見ごろは6月まで。

川名

ナルコユリ
見ごろは6月まで。

金子

ヒルガオ
見ごろは5～9月。日中も咲いているので朝顔に対して'昼顔'。

ZNK

フタリシズカ
見ごろは4～5月。花序が普通2本なので'二人静'。ヒトリシズカ(4/23)の項参照。

金林

ミズキ
見ごろは4月中旬～5月。芽吹くころに多量の水を吸い上げ、切り口から滴り落ちることがある。

金林

ギンイチモンジセセリ
成虫は4～9月ころに草はらなどで見られる。翅に白銀色の帯があり銀一文字。夏型はこの帯が目立たない。幼虫の食草はイネ科植物。

山崎

ヤマトシロアリ
木材を食べるシロアリ。この時期の蒸し暑い日に多数の羽蟻が次々に飛び立つ。このときはそれを狙ってヤモリが現れた。

田仲

カワセミ求愛給餌
留鳥。雄は、雌が呑み込みやすいように、魚の頭の方から差し出してプレゼントする。

辻

65

立夏 | 次候 | 蚯蚓出

新暦でおよそ5月10日〜15日

5/10 ●コシアカツバメ集団繁殖　2015年 石川県輪島市女性センター　唐沢孝一

5/11 ●イヨカズラ花　2013年 千葉県南房総市富浦町大房岬　川名興
●ハコネニシキウツギ花　2013年 千葉県南房総市富浦町大房岬　川名興
●ヒメギフチョウ成虫　2009年 群馬県渋川市モロコシ山（赤城山）　唐沢孝一

5/12 ●アオダイショウ初認　1985年 千葉県富津市青木　川名興

> **蚯蚓出ずる**（きゅういんいずる、みみずいずる）
> ミミズは土中に穴を掘りながら微生物や有機物を食べては排泄する。ミミズのおかげで大地は耕され、酸素や栄養分がもたらされ、生態系が維持される。春と秋は、ミミズが一年で最も活発になる季節である。

コシアカツバメ
夏鳥。ここではコンクリート建物の高所にとっくり状の巣を造り、集団で繁殖していた。

唐沢

イヨカズラ
見ごろは7月ころまで。海岸近くで見られる。

川名

ハコネニシキウツギ
見ごろは7月ころまで。ハコネウツギとニシキウツギの雑種。

川名

ヒメギフチョウ
生息地は限定的。幼虫の食草はウスバサイシン。4/10、p48参照。

唐沢

アオダイショウ
夏ころまで脱皮した抜け殻が観察できる。ネズミや小鳥（卵）、トカゲなどを捕食する。

唐沢

立夏 ｜ 次候 ｜ 蚯蚓出（つづき）

新暦でおよそ5月10日～15日

5/13
- カッコウ初鳴　2015年 埼玉県北本市北本自然観察公園　HP情報
- ギンヤンマ成虫初認　2013年 千葉県富津市青木　川名興

5/14
- シラン開花　2015年 群馬県太田市ぐんまこどもの国　金子正
- エゴノキ開花　2015年 群馬県太田市ぐんまこどもの国　金子正
- コクサギ開花盛期　2014年 岩手県下閉伊郡山田町豊間根　金林和裕
- ダイミョウセセリ成虫初認　2015年 群馬県太田市ぐんまこどもの国　金子正

5/15
- ヤマカガシ初認　2007年 千葉県南房総市富浦町大房岬　川名興
- クワコ幼虫　2015年 埼玉県さいたま市緑区見沼田んぼ　石井秀夫
- モンキアゲハ成虫初認　1993年 千葉県富津市小久保　川名興
- アカスジキンカメムシ成虫　2015年 大阪府東大阪市生駒山　川邊透

カッコウ
夏鳥。軽井沢や日光戦場ヶ原などでは5〜7月ころによくさえずる。

石井

ギンヤンマ産卵
成虫は4〜11月ころまで、大きな池や沼で見られる。雄の腹部の一部が銀色。雄は水面上を大きく旋回して縄張り飛行をする。p106参照。

田仲

シラン
見ごろは5月中旬ころまで。

川名

エゴノキ
見ごろは6月ころまで。甘い香りがする。

SKD

コクサギ
見ごろは4〜5月。

金林

ダイミョウセセリ
成虫は8月ころまで林縁などで見られる。幼虫の食草はヤマノイモなど。

石井

ヤマカガシ
日本各地に普通。湿地を好み、主にカエル類を捕食する。

唐沢

クワコ幼虫
若い幼虫は鳥の糞に似て、大きくなると枝に擬態する。食樹はクワで、夏になると第2世代の幼虫が見られる。

石井

モンキアゲハ
成虫は5〜10月ころ見られる。後翅の白い紋が特徴。幼虫の食樹はミカン科植物。暖地性で西日本に多い。

唐沢

アカスジキンカメムシ
成虫は5月ころから見られる。キンカメムシ類はみな鮮やかな色で目立つ。

川邊

立夏 末候 竹笋生

新暦でおよそ5月16日〜20日

5/16
- ヤブジラミ開花盛期　2015年 千葉県我孫子市岡発戸・都部谷津 <small>大野透</small>
- ウツギ開花盛期　2013年 千葉県千葉市千葉中央博物館 <small>大野透</small>
- カイツブリ繁殖　2003年 東京都江東区清澄庭園 <small>唐沢孝一</small>
- ウスバシロチョウ成虫　2015年 埼玉県飯能市 <small>平井一男</small>
- コムラサキ成虫初認　2015年 埼玉県越谷市大吉調節池 <small>石井秀夫</small>

5/17
- サンコウチョウ初認　2015年 群馬県太田市ぐんまこどもの国 <small>金子正</small>
- アサヒナカワトンボ成虫　2014年 大阪府四條畷市室池 <small>川邊透</small>

5/18
- チョウゲンボウ繁殖　2014年 埼玉県三郷市新三郷駅 <small>唐沢孝一</small>
- アサギマダラ初認　2015年 埼玉県越谷市越谷梅林公園 <small>石井秀夫</small>
- オオミズアオ成虫　2006年 東京都小金井市 <small>鈴木信夫</small>

> **竹笋生ず**（たけのこしょうず）
> 筍は昔から食用されてきた。文字どおり、初夏の旬の味は格別である。イノシシも筍を好み、先に掘られてしまうことがある。モウソウチク、マダケ、ネマガリダケ（チシマザサ）など、種類によって旬も味も異なる。

ヤブジラミ
見ごろは7月ころまで。よく似たオヤブジラミ（5/5）より少し遅れて咲く。

ウツギ
見ごろは5〜6月。茎が中空なので'空木'の名がつけられた。

カイツブリ繁殖
留鳥。水面に水草などを集めて浮き巣を作る。

ウスバシロチョウ
成虫は4〜5月ころに見られる。翅が半透明の独特なチョウ。やや山地性で、日本海側では黒化型となる。

コムラサキ
成虫は10月ころまで見られる。幼虫の食樹はヤナギ類。

サンコウチョウ
夏鳥。渡りのときに公園などに立ち寄る。やや薄暗い林内で繁殖する。

アサヒナカワトンボ
成虫は4〜8月ころに清流沿いなどで見られる。関東を境に西がアサヒナカワトンボ、北がニホンカワトンボと住み分けている。

チョウゲンボウ繁殖
留鳥。岩場の窪みなどで繁殖。都会では建物のすき間で繁殖する。

アサギマダラ
成虫が長距離移動することで知られ、10月ころまで見られる。幼虫の食草はキジョランなど。

オオミズアオ
成虫は開張8〜12cmと大型の蛾。年2回発生で成虫は4〜9月ころに見られる。幼虫はウメやカエデ類など広食。

立夏 | 末候 | 竹笋生（つづき）

新暦でおよそ5月16日～20日

5/19
- マルバヤナギ柳絮（りゅうじょ）　2016年 茨城県坂東市茨城県自然博物館　大野透
- コチドリ孵化　2013年 埼玉県越谷市　石井秀夫
- ハラビロトンボ雄成虫　2014年 京都府木津川市上狛　川邊透

5/20
- サツキ開花　2015年 群馬県太田市ぐんまこどもの国　金子正
- ウラナミアカシジミ成虫初認　2015年 群馬県太田市ぐんまこどもの国　金子正
- サトキマダラヒカゲ成虫初認　2015年 群馬県太田市ぐんまこどもの国　金子正
- ミズイロオナガシジミ成虫初認　2015年 群馬県太田市ぐんまこどもの国　金子正
- オオシオカラトンボ成虫初認　2015年 群馬県太田市ぐんまこどもの国　金子正
- コフキトンボ成虫初認　2015年 群馬県太田市ぐんまこどもの国　金子正

ホタルブクロ
花期は6～7月。白色～紅紫色の変化がある。
青木

マルバヤナギ果実
花は4〜5月ころに咲く。別名アカメヤナギ。ヤナギ類の綿毛のある種子が飛ぶようす、あるいはその種子を柳絮（りゅうじょ）という。
ZNK・ZNK

コチドリ
主に夏鳥として渡来するが、一部は越冬する。河川の中洲や水田、干潟などに生息。砂礫地などで営巣する。このコチドリは住宅地内の遊水地で繁殖した。　石井

ハラビロトンボ
成虫は初夏から初秋ころに水生植物の多い池や湿地で見られる。腹部が幅広い。
川邊

サツキ
皐月（5月）に咲く。別名サツキツツジ。
川名

ウラナミアカシジミ
成虫は8月ころまで見られる。幼虫の食樹はクヌギなど。
SKD

サトキマダラヒカゲ
成虫は5月と7〜8月ころの2回発生し、各種樹液に集まる。幼虫はタケ・ササ類を食べる。
石井

ミズイロオナガシジミ
成虫は6〜8月ころに雑木林などで見られる。幼虫の食樹はクヌギ、コナラなど。
SKD

オオシオカラトンボ
成虫は5〜11月ころに見られる。シオカラトンボに似るが少し大きい。
山崎

コフキトンボ
成虫は5月下旬〜9月下旬ころまで見られる。成熟した雄は白い粉がつき、シオカラトンボの雄に似る。
石井

小満

しょうまん
5月21日〜6月4日ころ

麦秋や雲よりうへの山畠
　　　　　　　　　梅室

陽気がよくなり、全ての命が天地に満ち始めるころをさす。晴天が草木の緑を濃くし、雨が大地を潤して命を育んでくれる。稲田に爽快な風が吹き抜け、麦の収穫の季節を迎える。潮干狩りや衣替えの季節でもある。

おすすめの観察テーマ

ツバメの子育て

東南アジアで越冬したツバメは、春になると日本各地に戻り、人家や駅、商店街など人目につきやすいところで子育てをする。身近なツバメだが、その生態は分からないことも多い。なぜ人家で繁殖するようになったのか。同じツバメが翌年も同じ巣に戻ってくるのか。巣立った雛はどこで、どんな生活をしているのかなど、その生態がすこしずつ明らかになってきた。

ツバメの営巣場所を調べてみると、人とツバメの関係が見えてくる。最近の建材は巣材の泥が付着しにくくなったこと、戸締りによりツバメが自由に家に出入りできなくなったこと、カラスが増えてツバメの卵や雛が襲われるなど、ツバメの子育て環境は厳しいものがある。

その一方で、郊外で営巣する事例が増えてきた。ツバメも新しい時代を迎えようとしているのかも知れない。　　　　　　　　　　　（唐沢孝一）

唐沢
駅前交番で繁殖するツバメ。巣を見守ってくれる人がいる場所を選んで営巣する。

唐沢
豆知識①　ツバメは空を飛ぶために高度に適応し飛翔昆虫のみを捕食する。

唐沢
豆知識②　雄では尾羽が長く、喉の赤い色が鮮やか。よくさえずるのも雄である。雌雄が見分けられると、観察の楽しみも増してくる。

人の手の届くような軒下や家の中で繁殖するツバメ。水田の害虫を捕食する益鳥として保護されてきたという歴史がある。
2003年7月、栃木県日光市
唐沢

トンネル内で繁殖したツバメの巣（円内）。2014年、二子玉川公園ではトンネル内で繁殖して話題になった。郊外の水田地帯の橋で繁殖した事例もある。今後、ツバメが人里から離れた場所で繁殖するようになるのかどうか、注目されている。

巣立ち終えたツバメは、7〜9月ころには夕方集まって集団で夜を過ごす。集団塒（ねぐら）という。ヨシ原を利用することが多いが、写真は高速道路のサービスエリア内の樹林に集まったツバメ。
2015年8月、山梨県上野原市
唐沢

小満 初候 蚕起食桑

新暦でおよそ5月21日〜25日

5/21
- コアジサイ開花盛期　2011年 埼玉県日高市日和田山　金林和裕

5/22
- カジカガエル成体　2008年 千葉県市原市梅ヶ瀬渓谷　唐沢孝一
- カブトムシ成虫　2013年 東京都八王子市長池公園　川邊透

5/23
- トノサマガエル成体　2014年 大阪府枚方市穂谷　川邊透
- ハンミョウ成虫　2014年 大阪府枚方市穂谷　川邊透

5/24
- バイカウツギ開花　2016年 千葉県富津市青木　川名興
- カラスアゲハ成虫初認　2015年 群馬県太田市ぐんまこどもの国　金子正
  - ★成虫は4〜9月ころに見られる。幼虫の食樹はミカン科植物。

5/25
- モリアオガエル卵塊　2015年 千葉県南房総市富浦町大房岬　川名興
- コシアキトンボ成虫初認　2014年 東京都練馬区石神井公園　田仲義弘

蚕起きて桑を食む (かいこおきてくわをはむ)

かつて養蚕農家の蚕室では、ザーッと雨の降るような音が聞こえた。3〜4齢の蚕が一斉に桑の葉を食べる音である。時は移り、遺伝子組み換えカイコがつくり出す蛍光シルク、医薬品、化粧品などの新製品が脚光を浴びている。

コアジサイ
見ごろは5月中旬〜7月。

カジカガエル
渓流に生息。繁殖期(5〜6月)に雄は縄張りを持ち美声で鳴く。

カブトムシ雄
成虫は6〜8月ころに見られる。夜間、樹液に集まるほか、灯火にも飛来する。

トノサマガエル
関東平野と仙台平野を除く本州・四国・九州に分布する。腹は白い。写真は大阪府で撮影。

ハンミョウ
成虫は3〜9月ころ、林道などで見られる。素早い動きでアリなどの獲物を捕らえる。

バイカウツギ
見ごろは5〜6月。

モリアオガエル産卵
池に張り出した枝などに白い泡状の卵塊を産みつける。

コシアキトンボ
成虫は6〜10月上旬ころに見られる。都市部にも多い。腹部の一部(腰)が黄白色。雄は縄張り飛行をする。

小満 | 次候 | 紅花栄

新暦でおよそ5月26日～30日

5/26

5/27
- オトシブミ揺籃づくり　2012年 東京都青梅市大仁田川周辺　川邊透
- ラミーカミキリ成虫　2014年 千葉県流山市松が丘　高野典子
- エゾハルゼミ鳴き声　2014年 栃木県日光市奥日光戦場ヶ原　HP情報

5/28
- ドクダミ開花　2015年 群馬県太田市ぐんまこどもの国　金子正
- シモツケ開花　2015年 群馬県太田市ぐんまこどもの国　金子正
- アカシジミ成虫活動初認　2015年 群馬県太田市ぐんまこどもの国　金子正　★成虫は7月ころまで見られる。
- ヒメアカタテハ成虫初認　2015年 群馬県太田市ぐんまこどもの国　金子正
- セイヨウミツバチ分蜂（分封）　2012年 埼玉県上尾市　平井一男　★分蜂はニホンミツバチと同じ（4/19）。

5/29
- ハマボウフウ花　2006年 千葉県富津市磯根海岸　川名興

5/30
- ワタスゲ花　2015年 栃木県日光市奥日光戦場ヶ原小田代　佐々木松
  　★花の見ごろは6月上旬まで。後に目立つ白い穂棉は果実。
- アカタテハ成虫活動初認　1994年 千葉県富津市環南小学校　川名興

> ## 紅花栄う (べにばなさかう)
> ベニバナは古くから利用され万葉集などにも登場する。花は染料や口紅、種子は採油などである。いにしえの人々にとってベニバナの花の盛りは喜びに満ちたものだったのだろう。

オトシブミ揺籃づくり
オトシブミ(落とし文)の仲間は葉をまいて中に産卵する(揺籃)。本種はクリ、ナラ類の葉を巻き揺籃は切り落とす。
川邊

ラミーカミキリ
成虫は5〜7月ころに見られる。江戸時代に繊維作物のラミーとともに移入。幼虫はカラムシやムクゲの茎内部を食べる。
ZNK

エゾハルゼミ
成虫は5月下旬〜7月ころに見られる。山地のブナなど落葉広葉樹林に多い。一斉に大合唱をする。
高井

ドクダミ
見ごろは5月下旬〜7月。白いのは花弁でなく総苞。
SKD

シモツケ
見ごろは8月上旬ころまで。
川名

ヒメアカタテハ
成虫は3〜11月まで見られる。幼虫の食草はヨモギ、ゴボウなど。世界的に広く分布する。
石井

ハマボウフウ
見ごろは6〜8月。海岸の砂地で見られる。食用、薬用に利用されることもある。
川名

アカタテハ
成虫で越冬。10月ころまで連続的に2〜4回発生し、ほぼ一年中見られる。幼虫の食草はイラクサ類。
田仲

小満 | 末候 | 麦秋至

新暦でおよそ5月31日〜6月4日

5/31
- アジサイ開花　1986年 千葉県富津市青木　川名興
- テングチョウ成虫大集団で吸水　2014年 大阪府東大阪市生駒山　川邊透

6/1
- ナカネヒラアシキバチ産卵　2015年 東京都練馬区石神井公園　田仲義弘
- ゲンジボタル成虫群飛　2002年 千葉県いすみ市山田川周辺　大野透
- ウスバキトンボ成虫初認　2013年 東京都江東区第一亀戸小学校　田仲義弘
  - ★成虫は5〜10月ころに見られる。九州以北では越冬できず、南方から毎年飛来して増えては死滅を繰り返す。

6/2
- リュウキンカ見ごろ　2014年 尾瀬ヶ原　HP情報
- ショウジョウトンボ成虫初認　2006年 東京都千代田区北の丸公園　田仲義弘
- クサカゲロウ孵化　2012年 東京都江東区亀戸　田仲義弘

6/3
- ヒゲナガハナノミ成虫　2012年 千葉県市川市大町自然観察園　大野透

6/4
- アカメガシワ開花　2015年 群馬県太田市ぐんまこどもの国　金子正
- ガクアジサイ開花　2015年 群馬県太田市ぐんまこどもの国　金子正
- クチナシ開花　2015年 群馬県太田市ぐんまこどもの国　金子正

麦秋至る (むぎのときいたる、ばくしゅういたる)

黄金色のムギが風にたなびくようすが、春の終わりと夏の到来を告げる。近年はムギの作付けも減っているようだが、残したい田園風景である。コムギとオオムギがひと目でわかれば、都会ではちょっと自慢できるかも。

アジサイ
見ごろは6月中旬まで。花序のほとんどは装飾花。

テングチョウ
低山に多く、集団で吸水するシーンが見られる。4/15参照。

ナカネヒラアシキバチ
キバチの仲間は樹勢の衰えた幹に産卵する。幼虫は材を食べる。産卵後、産卵管が抜けずに息絶えた姿もよく目にする。

ゲンジボタル
成虫は5〜7月ころに見られる。暗くなるといっせいに光りはじめる。p82参照。

リュウキンカ
見ごろは6月中旬まで。

ショウジョウトンボ
成虫は4〜10月ころに見られる。体色は初め橙色だが、雄は成熟すると全身が真っ赤(猩々)になる。

ヒゲナガハナノミ雄
成虫は5〜6月ころに水辺で見られる。雄は全身が褐色でくし歯状の触角をもつが、雌は黒褐色。幼虫は水中生活。

クサカゲロウ卵とふ化幼虫
優曇華(うどんげ)といわれるクサカゲロウの卵。5〜6月ころに産み付けられる。孵化した幼虫はアブラムシを食べる。

ガクアジサイ
見ごろは7月まで。花序は装飾花で縁取られる。

アカメガシワ
見ごろは7月まで。雌雄異株。雌花穂(左)と雄花穂(右)。

クチナシ
見ごろは7月まで。強い香りがある。

芒種

ぼうしゅ
6月5日～20日ころ

> 晝見れば首筋赤きほたるかな
> 芭蕉

芒は'のぎ'で、禾とも記す。稲籾のとげのことを示す（p91）。かつては米と麦の二毛作が盛んで、麦の収穫と米づくりの始まりという、まさに芒のある穀物の季節であったが、現代の農業事情にはそぐわなくなってきた。梅雨入りのころでもある。

おすすめの観察テーマ

ホタルの話

ホタルの成虫の発光には、雄と雌のコミュニケーション手段の役割がある。日没後1時間ぐらいから始まり夜半まで続くが、遅い時間には発光の数が減る。

ゲンジボタルの雄が集団で同時明滅する光景は神秘的でもある。明滅の間隔は地域によって決まっているようで、一般に東日本は4秒間隔、西日本のものは2秒、中部地方では3秒といわれている。

観察には、月明かりがなく、風のない蒸し暑い日がよい。明るいうちに現地に入って、周囲のようすも見ておきたい。

ところで、東京都内では西日本で養殖された2秒間隔で発光するゲンジボタルが多数見られるそうである。
　　　　　　　　　　　　　　　（鈴木信夫）

集団で明滅するゲンジボタル。明滅しながら飛翔するので、スローシャッターで撮影すると光が筋状になる。
2016年6月30日、長野県松本市　　鈴木智

発光するゲンジボタル成虫雄。

ゲンジボタル幼虫。幼虫も発光する。

豆知識① 世界に約2,800種、日本に約50種のホタルが知られている。そのうち幼虫が水生なのは日本のゲンジボタル、ヘイケボタルなど5種ほどしかいない。陸生ホタルの幼虫は湿った森の落ち葉の上で生活し、カタツムリなどを食べている。オバボタルのように成虫が昼間活動するホタルも多く、それらはほとんど発光しない。

ヘイケボタル成虫。

ヘイケボタル雄の発光部。

豆知識② ゲンジボタル・ヘイケボタルの成虫は、雄の第6・7腹板、雌の第6腹板が発光する(腹部第1節腹板は消失)。発光する部分は淡黄色である。
発光は細胞内のルシフェリンと酵素との反応による。この反応ではエネルギーの41%が発光に使われるとされる。蛍光灯では約20%であることを考えると、元祖'蛍光'は超省エネタイプである。

芒種 初候 螳螂生

新暦でおよそ6月5日～10日

6/5 ●ツユクサ開花　1982年 千葉県富津市岩坂　川名興

6/6 ●ハナショウブ花　1999年 栃木県真岡市井頭公園　HP情報

6/7

6/8

6/9 ●ノブドウ開花盛期　2013年 千葉県市川市周辺　大野透
●カルガモ雛を確認　2005年 東京都文京区小石川後楽園　唐沢孝一

6/10 ●ミドリシジミ雄の縄張り行動　2012年 埼玉県所沢市　川邊透
●コフキゾウムシ交尾　2012年 千葉県松戸市江戸川周辺　大野透

> 蟷螂生ず（とうろうしょうず、かまきりしょうず）
> 野外でよく目にするのはオオカマキリである。5月上旬〜6月中頃、卵嚢にぶら下がるようにして次々と前幼虫がでてくる。その数およそ200匹。前幼虫はすぐに脱皮して幼虫になり、散らばっていく。4/21 参照。

ツユクサ
見ごろは6月上旬〜10月。

ハナショウブ
見ごろは6月ころ。

ノブドウ
見ごろは8月まで。花弁は早く落ちる。

カルガモ
留鳥。5〜6月ころ、親鳥雌は多数の雛を連れて移動する。

ミドリシジミ
成虫は6〜8月ころに見られる。夕刻に雄が雌を占有する縄張り行動をとる。翅を開くと輝く緑。谷津のハンノキ周辺で見られる。

コフキゾウムシ
成虫は4〜8月ころ、クズなどの葉の上で見られる。個体数は多い。

芒種 | 次候 | 腐草為蛍

新暦でおよそ6月11日〜15日

6/11
- ニッポンハナダカバチ成虫初認　2015年 群馬県太田市ぐんまこどもの国　金子正
- ヘイケボタル成虫初認　1991年 千葉県富津市小久保　川名興

6/12
- エノコログサ穂　2016年 千葉県市川市　大野透
- エサキモンキツノカメムシ成虫抱卵　2014年 東京都千代田区北の丸公園　田仲義弘
- コガネグモ成体　2015年 埼玉県さいたま市緑区見沼自然公園　石井秀夫

6/13
- フウトウカズラ花　2007年 千葉県南房総市富浦町大房岬　川名興

6/14
- ヒメジョオン開花盛期　2015年 千葉県我孫子市岡発戸・都部谷津　大野透
- クリ開花盛期　2015年 千葉県我孫子市岡発戸・都部谷津　大野透

6/15
- マテバシイ開花　1984年 千葉県富津市青木　川名興
- トウキョウダルマガエル成体　2007年 東京都調布市・小金井市・三鷹市野川公園　鈴木信夫
- コハンミョウ成虫　2010年 東京都調布市・小金井市・三鷹市野川公園　大野透

> **腐草蛍と為る**（くされたるくさほたるとなる、ふそうほたるとなる）
> 昔の人は、ホタルは腐った草から生じると信じていたらしい。6月上旬〜下旬にかけて発生するのはゲンジボタル。ヘイケボタルはやや遅く7〜8月ころだ。気温が高く、曇った日の夜8〜9時ころが観察に向いている。

ニッポンハナダカバチ
成虫は6〜9月ころに見られる。乾いた砂地に巣をつくり、ハエ・アブ類を捕えて子の餌にする狩蜂。

ヘイケボタル
成虫は6〜8月ころ、ゲンジボタル（6/1）より小さく、やや遅れて現れる。湿地や水田などで見られる。p82参照。

エノコログサ
見ごろは7〜9月。p90参照。

エサキモンキツノカメムシ抱卵
成虫は5〜10月ころに見られる。背面のハート印が特徴。ミズキなどの葉裏に卵塊を産み、抱えるようにして保護する。

コガネグモ
初夏から夏に、日当たりのよい草原で網を張る。クモの合戦を行う地方がある。p60参照。

フウトウカズラ
見ごろは5〜6月。

ヒメジョオン
見ごろは5〜7月。ハルジオン（5/3）より遅れて咲く。秋にも咲く（11/18）。

クリ
見ごろは6月ころで独特のにおいがある。雄花序のもとのほうに小さな雌花序がある。

マテバシイ
花期は5〜6月ころ。雄花序と雌花序がある。果実は2年越しで熟す。

トウキョウダルマガエル
トノサマガエルに似るが、ずんぐりしている。関東平野、仙台平野などに分布する。

コハンミョウ
成虫は5〜10月ころ、明るく草の少ない場所で見られる。素早い動きでアリなどの獲物を捕らえる。

 芒種 末候 梅子黄

新暦でおよそ6月16日〜20日

6/16 ●キキョウ開花　2016年 千葉県富津市青木　川名興

6/17 ●ツルナ花　2008年 千葉県富津市萩生　川名興

6/18 ●タケニグサ開花　2015年 群馬県太田市ぐんまこどもの国　金子正
●ネジバナ開花　2015年 群馬県太田市ぐんまこどもの国　金子正
●ヨウシュヤマゴボウ開花　2015年 群馬県太田市ぐんまこどもの国　金子正
●シロオビアワフキ幼虫　2014年 千葉県柏市新富町　高野典子

6/19 ●クマノミズキ開花盛期　2010年 東京都調布市・小金井市・三鷹市野川公園　大野透
●ヤノナミガタチビタマムシ成虫　2012年 千葉県我孫子市岡発戸・都部谷津　大野透
●ルリボシカミキリ成虫初認　2005年 東京都八王子市長池公園　田仲義弘
●アキアカネ羽化　2012年 千葉県我孫子市岡発戸・都部谷津　田仲義弘

6/20 ●ネムノキ花見ごろ　2015年 千葉県我孫子市岡発戸・都部谷津　大野透
●ツマグロオナガバチ産卵　2015年 千葉県我孫子市岡発戸・都部谷津　大野透
●ウチワヤンマ成虫初認　2014年 東京都葛飾区水元公園　田仲義弘

梅子黄ばむ (うめのみきばむ)

ウメの実が黄ばむころ梅雨に入る。梅干しを漬けるのに適したころでもある。ちょっと前の緑色の実は梅酒に漬ける。花は観賞用に実は薬用として日本に入ってきたとされる。

キキョウ
見ごろは7〜9月。雄しべが先に熟し、あとから雌しべの先が開く。

ツルナ
見ごろは5〜9月。葉は肉厚で食用にもされる。海岸砂地で見られる。

タケニグサ
見ごろは6〜8月。花弁はなく白い糸状の雄しべが目立つ。

ネジバナ
見ごろは6〜7月だが、秋にも花が咲く。花序のねじれ方には右巻きと左巻きがある。

ヨウシュヤマゴボウ
見ごろは6〜9月。'洋種山牛蒡'の意味だが食べられない。

シロオビアワフキ
広葉樹の新梢に泡の巣をつくり、その中に幼虫がいる。5月ころから見られる。

クマノミズキ
見ごろは6月下旬まで。ミズキ(5/7)よりも遅れて咲く。

ヤノナミガタチビタマムシ
成虫は4〜6月ころに見られる。食樹はケヤキで、成虫は葉の縁をかじり、幼虫は葉の中に潜って葉肉を食べる。

ルリボシカミキリ
成虫は6〜8月ころに見られる。山地性だが平地にも分布が拡大してきた。伐採木や樹液に集まる。

アキアカネ羽化
羽化後、成虫は高地に移動。秋に集団で山を下り、産卵する(9/22)。ナツアカネ(6/26)と並ぶ'赤とんぼ'の代表。

ネムノキ
見ごろは8月ころまで。糸状に目立つのは多数の雄しべ。

ツマグロオナガバチ
オナガバチ類は樹の中にいるキバチ類(5/1、6/1)の幼虫に産卵する。幼虫はそれを食べる。

ウチワヤンマ
成虫は5〜9月ころに、水生植物の多い大きな池・沼などで見られる。腹部の先に団扇のような突起がある。

夏至

げし
6月21日〜7月6日ころ

一年で最も昼が長く、夜が短い。太陽が最も高くなり、日差しの強い時期でもある。野外では熱中症に注意しなければならない。とはいえ梅雨のさなかであり、日照時間は短い。

枇杷うれてどこやらせはし島少女　佐世子

おすすめの観察テーマ

エノコログサ

いうまでもなくネコジャラシ。昔から親しまれてきた雑草である。近年この仲間が街なかの道ばたや空き地に増えているように見える。そして成長し穂を出す時期が早まっているような感じがする。これまで夏の雑草の代表のようにいわれてきたが、6月下旬にはもうエノコログサの穂が現れるところもある。7月にはアキノエノコログサも伸びてくる。どうも昔ながらのネコジャラシとは感じが違う。輸入飼料に混入している種実を調べた資料によると、エノコログサ類の実がたくさん含まれているという。街なかに増えたエノコログサは在来のものか、飼料に混じって渡来したものなのか、この判断はむずかしい。

（岩瀬徹）

エノコログサ（写真）はどちらかというと街なかに多い。アキノエノコログサは反対に郊外に多い。
2014年9月14日、千葉県市川市　SKD

豆知識①
さらにややこしいことにオオエノコロとされるものも街なかで増えている。エノコログサとアワの雑種とされるが、一般に穂が大きく小枝に分かれるが、いろいろ変化があって悩ましい。エノコログサの変種とする見方もあるが、さてどうしたものか…

エノコログサは通称ネコジャラシ。名前のとおりネコがじゃれる。

写真は「新・雑草博士入門」より

豆知識②

エノコログサの穂の毛は刺毛という。イネ科の特徴とされる芒（のぎ）が穎（えい）の先端につくのに対し、エノコログサの刺毛は付け根につく。写真はエノコログサの刺毛（上）とイネの芒（下）。

エノコログサの仲間にはエノコログサ、アキノエノコログサ、オオエノコロ、キンエノコロなどがある。見分けるポイントはいくつかあるが、まず穂の全体で見分けてみよう。

アキノエノコログサ／エノコログサ／オオエノコロ／キンエノコロ

写真は「新・雑草博士入門」より

豆知識③

エノコログサは未明ころに花を開き、間もなく閉じてしまう。イネ科植物の開花を見るなら早起きしよう。写真はエノコログサの花。

夏至 | 初候 | 乃東枯

新暦でおよそ6月21日～25日

ウツボグサ

6/21
- ホウライカズラ開花　2016年 千葉県富津市青木　川名興
- ヒダリマキマイマイ　2009年 千葉県我孫子市岡発戸・都部谷津　唐沢孝一

6/22
- ホタルガ成虫　2013年 千葉県柏市新富町　高野典子
- ノコギリクワガタ成虫　2015年 埼玉県加須市　平井一男
- トノサマバッタ交尾　2015年 埼玉県桶川市　平井一男

6/23
- ノカンゾウ開花　2015年 群馬県太田市ぐんまこどもの国　金子正
- ムラサキヤマドリタケ　2015年 千葉県成田市大竹坂田が池周辺　矢作佳代子

6/24
- ハンゲショウ見ごろ　2015年 茨城県つくば市筑波実験植物園　HP情報

6/25
- ムラサキシキブ花　2015年 千葉県南房総市富浦町大房岬　川名興

> **乃東枯る**（なつかれくさかるる、だいとうかるる）
> 乃東（なつかれくさ）とはウツボグサのことである。他の草木が茂るころに枯れるので夏枯草（かこそう）とも呼ぶ。
> 現在でもカコソウの呼び名が残っている地方もある。

ホウライカズラ
見ごろは6〜7月。

川名

ヒダリマキマイマイ
カタツムリの多くは右巻きだが、本種は左巻きの殻をもつ。この仲間は雌雄同体だが、別の個体と交尾し、産卵する。

唐沢

ホタルガ
昼間活動するガ。成虫は5〜9月ころ見られる。よく見ると触角は金青色に輝く。幼虫の食樹はサカキ、ヒサカキ。

高野

ノコギリクワガタ
成虫は6〜9月ころに見られ、クヌギやヤナギ類の樹液に集まる。

石井

トノサマバッタ
成虫は6〜10月ころに見られる。交尾の習性を利用したバッタ釣りで遊ぶこともできる。体色が緑のタイプもある。

山崎

ノカンゾウ
見ごろは6月下旬〜8月上旬ころ。

唐沢

ムラサキヤマドリタケ
紫色の大型のきのこ。かさの表面がまだら模様のものも多い。

矢作

ハンゲショウ
見ごろは8月ころまで。名前の由来には'半夏生''半化粧'の両方の説がある。

石井

ムラサキシキブ
見ごろは6〜7月ころ。秋には紫色の果実が目立つ。11/3参照。

ZNK

夏至 | 次候 | 菖蒲華

新暦でおよそ6月26日～7月1日

6/26
- ミゾソバ開花　2015年 群馬県太田市ぐんまこどもの国　金子正
- ヤマホタルブクロ開花　2015年 群馬県太田市ぐんまこどもの国　金子正
- ヨツスジハナカミキリ成虫初認　2015年 群馬県太田市ぐんまこどもの国　金子正
- キイトトンボ成虫初認　2015年 群馬県太田市ぐんまこどもの国　金子正
- ナガコガネグモ成体　2015年 群馬県太田市ぐんまこどもの国　金子正

6/27

6/28
- ヤブガラシ花　2011年 千葉県富津市萩生　川名興
- オニヤンマ羽化　2003年 千葉県市川市大町自然観察園　唐沢孝一

6/29
- ツルアジサイ開花　2015年 栃木県日光市湯ノ湖　HP情報　★見ごろは6～7月ころ。
- アカガネサルハムシ　2013年 千葉県印西市　大野透

6/30
- ヤブカンゾウ開花　2015年 茨城県行方市　飯島和子
- アオバズク　2015年 大阪府箕面市箕面公園　川邊透
- ハグロトンボ成虫　2010年 千葉県我孫子市岡発戸・都部谷津　大野透

7/1
- ヒグラシ初鳴　2015年 茨城県行方市　飯島和子

> **菖蒲華さく**（あやめはなさく）
> 菖蒲はアヤメのこと。アヤメ、ハナショウブ、カキツバタの総称であろう。これらはアヤメ科だ。本当のショウブはショウブ科でサトイモ科とされる考えもある。ショウブとアヤメとはあまり似ていない。

ミゾソバ
見ごろは10月まで。湿地や水路で見られる。

ヤマホタルブクロ
見ごろは6〜7月。

ヨツスジハナカミキリ
6〜9月ころ成虫の訪花が見られる。比較的山地に多い。黒と黄の縞模様はスズメバチの擬態と考えられる。

キイトトンボ
成虫は5〜9月ころに水生植物の多い池や沼で見られる。全身黄色で飛ぶ姿はマッチ棒か爪楊枝のようだ。

ナガコガネグモ
水田や小川などの草間に網を張る。驚くと網を激しく揺する習性がある。

ヤブガラシ
見ごろは7〜9月。花弁は早く落ちて橙色の花床が残る。

オニヤンマ
成虫は6〜10月ころに見られる。体長10cm前後の日本最大のトンボ。雄は水路上を往復するので観察しやすい。幼虫期間は数年に及ぶ。

アカガネサルハムシ
成虫は5〜8月ころ、ノブドウなどの葉の上で見られる。体長は6〜7mm前後と小さいが、光沢がある鮮やかな体色で目立つ。

ヤブカンゾウ
見ごろは8月上旬ころまで。

アオバズク
夏鳥。フクロウの仲間。夜、ホッホッと鳴く。

ハグロトンボ
成虫は5月ころから現れ、成熟するまで林縁などで過ごす。秋に水辺に戻り産卵する。翅は黒いがよく見ると鮮やかな金色の筋がある。

ヒグラシ
成虫は7〜9月ころに見られる。スギ、ヒノキ林に多い。夕暮れに鳴くが、早朝などにも鳴く。

夏至 | 末候 | 半夏生

新暦でおよそ7月2日〜6日

7/2
- ●ミズヒキ開花　2015年 群馬県太田市ぐんまこどもの国　金子正
- ●ヤブラン開花　2015年 群馬県太田市ぐんまこどもの国　金子正
- ●エゴヒゲナガゾウムシ成虫　2015年 東京都練馬区光が丘公園　荻原健二
- ●クマゼミ成虫　2015年 東京都大田区平和島公園　荻原健二
- ●ミンミンゼミ成虫　2015年 東京都大田区平和島公園　荻原健二

7/3

7/4
- ●ヒメハルゼミ初鳴　1994年 千葉県富津市環南小学校付近　川名興

7/5
- ●ヘクソカズラ開花始め　2000年 千葉県市川市　大野透
- ●チョウトンボ成虫　2008年 東京都葛飾区水元公園　唐沢孝一

7/6
- ●アメリカスズメノヒエ花　2011年 千葉県富津市富津公園　川名興
- ●ヒヌマイトトンボ成虫　2008年 千葉県市川市　山﨑秀雄

半夏生ず (はんげしょうず)

半夏生はドクダミ科のハンゲショウ(一部の葉が白い。6/24)という説と、半夏(はんげ)はサトイモ科のカラスビシャクを指すという説がある。かつては田植えや麦刈りを終えて一段落した時期であり、農事の節目とされた。

ミズヒキ
見ごろは10月上旬ころまで。花は紅白に見える。

ヤブラン
見ごろは9月下旬ころまで。

エゴヒゲナガゾウムシ
成虫は6〜8月ころ見られる。エゴノキの実に孔を開けて産卵(左)。雄の突き出たような眼が特徴(右)。別名ウシヅラヒゲナガゾウムシ。

クマゼミ
成虫は6〜9月ころに見られる。午前中に騒々しく鳴く。西日本に多いが分布を拡大中。

ミンミンゼミ
成虫は7〜9月ころに見られる。都市部の公園や住宅街にも増えてきた。

ヒメハルゼミ
成虫は6〜8月ころ照葉樹林で見られる。鳴き声が同調して大合唱となる。分布は限られ、千葉、茨城、新潟などで天然記念物となっている。

ヘクソカズラ
見ごろは9月ころまで。葉を揉むと臭気があるので'屁糞葛'。別名ヤイトバナ、サオトメカズラ。

チョウトンボ
6〜9月ころ、池や沼などの水辺で見られる。幅広い翅で、飛び方もチョウのよう。翅には金属光沢があり、角度によってさまざまな色に輝く。

アメリカスズメノヒエ
見ごろは7〜9月ころ。牧草(バヒアグラス)として移入したものが野生化した。

ヒヌマイトトンボ
7月ころから汽水域のヨシが密生する環境で見られる。名前は発見された茨城県の涸沼から。

小暑

しょうしょ
7月7日～22日ころ

しづかさや岩にしみ入る蟬の聲
芭蕉

7月7日は七夕。中国の故事と機織りをした着物を神に供える棚機女（たなばたつめ）の風習が結びついたものである。

小暑の終わりごろには、梅雨明けと同時にニイニイゼミが鳴き出す。本格的な夏になるころである。

おすすめの観察テーマ

セミの羽化と産卵

セミの初鳴きは生物季節でもていねいに記録されている。しかしここでは涼しい木陰で静かな産卵シーンに注目してみよう。

セミの産卵は枯れかかった立木が多い。小指の先ほどの細い枝、あるいは木杭や建築物の柱にさえも産卵する。

人間の膝から目の間ほどの高さで、じっと止まっているセミを見つけたら、産卵を見るチャンスである。産卵中はすぐに逃げることはないので、じっくりと観察することが可能だ。ただし、近寄りすぎるとやめてしまうので、注意して観察してみよう。

もう一つセミで注目したいのは羽化である。羽化は日暮から夜中のことが多いが、日中でも羽化を見かけることがある。殻を脱いで長い地下生活から空へ出る瞬間は、まさにドラマである。

（田仲義弘）

池田

豆知識① 枯れ木や建材でも産卵する。生木では樹液が多く孔がふさがれてしまうので、幼虫にとっては困ることになるのだろう。写真はアブラゼミの卵（→印）。
翌春、孵化した幼虫は自力で地中に潜って根を食べる（吸汁する）。

東京下町の亀戸天神境内のアブラゼミ（遠くに東京スカイツリー）。街なかでもセミの観察は可能だ。
2012年8月27日、東京都江東区亀戸天神
田仲

アブラゼミの羽化。不完全変態だが幼虫と成虫はまったく違う姿だ。白い糸（気管）はへその緒のようである。

脱出した新成虫は前方に移動し、翅を伸ばして緑がかった透明から褐色に変化する。

《ツクツクボウシの産卵》 田仲

①体を'へ'の字に曲げて腹端を枯れ木に当てる。

産卵管
産卵管のさや

②産卵管を刺す。

③体を伸ばして振るわせる（産卵）。産卵後、少し前方に移動して次の卵を産む（①〜③を繰り返す）。

小暑 | 初候 | 温風至

新暦でおよそ7月7日～11日

7/7
- スカシユリ花　2015年 千葉県南房総市富浦町大房岬 <small>川名興</small>
- ハマオモト花　2015年 千葉県南房総市富浦町大房岬 <small>川名興</small>
- ママコノシリヌグイ花　2015年 千葉県南房総市富浦町大房岬 <small>川名興</small>

7/8
- ハッチョウトンボ雄の縄張り争い　2014年 栃木県宇都宮市鶴田沼緑地 <small>唐沢孝一</small>

7/9
- オオマツヨイグサ開花　2015年 群馬県太田市ぐんまこどもの国 <small>金子正</small>
- シラヤマギク開花　2015年 群馬県太田市ぐんまこどもの国 <small>金子正</small>

7/10
- メマツヨイグサ花　2015年 千葉県富津市富津公園 <small>川名興</small>
- ミヤマクワガタ雄成虫　2011年 新潟県南魚沼市 <small>平井一男</small>

7/11
- ゴイシシジミ産卵　2015年 奈良県生駒市生駒山 <small>川邊透</small>

あなたの観察記録を「季節の生きもの観察手帖」に投稿しませんか

自然観察大学では、植物、鳥、虫、菌類など、自然・生物をまるごと観察します。
都市公園や里山など、身近な場所の身近な自然が私たちの観察対象です。
2017年、会員のみなさんの協力により、「季節の生きもの観察手帖」を刊行しました。
この手帖は、さらなるステップアップ、改訂版の発行を目指しています。
みなさんのご投稿、ご協力を期待しています。

ご投稿いただくのは、NPO法人自然観察大学の会員(NPO会員)に限定させていただきます。
詳しくは「季節の生きもの観察手帖」のp210、219、または下記ホームページをご覧ください。

自然観察大学 http://www.sizenkansatu.jp/ または「自然観察大学」で検索

【自然観察大学は"楽しみながら自然観察の視点を身につけよう"という目的のNPO法人です。法で定められた大学ではありません。】

NPO法人 自然観察大学 入会のご案内(NPO会員)

会員になると
- 会の趣旨に賛同いただき、相互に観察のスキルをみがき合い、自然を見る目を養います。
- 「季節の生きもの観察手帖」の改訂に向けて、観察記録をご提供いただけます。
- 自然観察大学メーリングリスト(ML)に参加いただけます。
- 会員特典として、自然観察大学主催の観察会・講習会などの参加費の割引があります。

入会方法
裏面の入会申込書に記入の上、FAXまたは郵送などでお送りいただいた後、すみやかに入会金1,000円と年会費3,000円、あわせて4,000円を送金ください。書類および入金を確認したのちに入会となります。折り返し会員証をお送りいたします。
会員証発行には多少時間がかかります(最大で1か月程度)。

振込先:ゆうちょ銀行(郵便局) [口座記号、口座番号] 00100-2-292441
　　　　　　　　　　　　　　　[加入者名] 特定非営利活動法人自然観察大学

※振り込み手数料はご負担いただきます。現金書留の送金も受け付けます。

自然観察大学の活動は、会員の皆様のご協力、ご支援により運営されます。
入会は随時受け付けます。

NPO法人 自然観察大学

NPO法人自然観察大学 入会申込書（NPO会員）

NPO法人自然観察大学に入会を希望します。 年　　月　　日	
ふりがな 名　前	
性　別	誕生年（西暦）
住　所　〒	
電　話	
Ｆ　Ａ　Ｘ	
Ｅメールアドレス（はっきりと記入してください） 　　　　　　　　　　　　＠ 　　　　　　　　　　メールマガジンなど、連絡はE-メールを使用します。 　　　　　　　　　　ご自身で利用されない方は、身近な方のアドレスをご登録ください。	
ご職業	
興味のある分野 または専門分野	
そ　の　他	

いただいた個人情報は、会の活動・運営目的以外には使用いたしません。

申込先

NPO法人 自然観察大学 事務局

Fax：03-3833-1665

〒110-0016 東京都台東区台東 1-26-6（植調会館 2F）

Tel：03-3833-1822（全農教内）

Eメール：jimu@sizenkansatu.jp

事務局 記入欄	受付	入金	登録 No.	

温風至る （おんぷういたる、あつかぜいたる）

梅雨が終りに近づくころ、日差しは一段と強くなり、本格的な盛夏の到来を予感させる。シジュウカラやスズメなどの家族群が枝を渡り、宵にはマツヨイグサが開花する。七夕や星祭りの行事が楽しみだ。

スカシユリ
見ごろは6〜8月。海岸で見られる。

ハマオモト
見ごろは7〜8月。房総半島以南の海岸に自生する。別名ハマユウ。

ママコノシリヌグイ
見ごろは5〜10月。茎や葉にとげがある。漢字では'継子の尻拭い'

ハッチョウトンボ
5〜10月ころ湿地などに見られる。生息地は局地的。体長20mmほどの小さなトンボ。10円玉と大きさを比較した。写真は雌で、雄は成熟すると赤くなる。

オオマツヨイグサ
見ごろは6〜8月。花は夕方から宵にかけて開き、朝には閉じる。

シラヤマギク
見ごろは8〜10月。

メマツヨイグサ
見ごろは7〜10月。花は夜開き、朝には閉じる。

ミヤマクワガタ 雄
成虫は6〜8月ころに樹液に集まる。雄の大あごが大きく、子供たちに人気が高い。

ゴイシシジミ
成虫は5〜10月ころに見られる。碁石を思わせる白黒の紋様。幼虫はタケ・ササにつくアブラムシ類を食べる。

小暑 | 次候 | 蓮始開

新暦でおよそ7月12〜16日

7/12 ●ツミ巣立ち　2016年 東京都練馬区石神井公園　唐沢孝一

7/13 ●サムライアリの奴隷狩り　2015年 千葉県千葉市加曽利貝塚　田仲義弘
　　　●ニイニイゼミ初鳴　2015年 千葉県富津市青木　川名興

7/14 ●アオツヅラフジ花　2011年 千葉県富津市萩生　川名興
　　　●アオオビハエトリ　2011年 千葉県南房総市富浦町大房岬　川名興

7/15 ●クズ開花　2015年 群馬県太田市ぐんまこどもの国　金子正
　　　●ヤマユリ開花　2015年 群馬県太田市ぐんまこどもの国　金子正

7/16 ●ニジュウヤホシテントウ成虫　2006年 埼玉県上尾市　平井一男
　　　●アカスジカメムシ産卵　2012年 千葉県松戸市坂川周辺　大野透

蓮始めて開く（はすはじめてひらく）

暑い日差しの中、水面から茎を伸ばして淡紅色〜白色の清楚な花を咲かせるハス。仏さまの座るのは蓮華座だ。発掘された大賀ハスの花は二千年の命をつないで咲く。

ツミ
小型のタカで、スズメなどを捕食する。最近は都会でも繁殖するようになった。写真は雛への給餌。

サムライアリの奴隷狩り
クロヤマアリの巣から蛹、幼虫を奪って子育てのための奴隷として利用する。奴隷狩りは夏の夕方ころに見られる。

ニイニイゼミ
成虫は6〜9月ころに公園のサクラなどで見かける。芭蕉の句「…岩にしみ入る蟬の聲」は本種とされる。

アオツヅラフジ
見ごろは7〜8月。別名カミエビ。雌雄異株で写真は雄花（左）。種子（核、右）はアンモナイトのよう。

アオオビハエトリ
徘徊性のクモで、成体は6〜8月ころに見られる。頭胸部の縁に青色の帯がある。写真は雄（上）による雌（下）への求愛ダンス。

クズ
見ごろは9月下旬ころまで。甘い香りがする。秋の七草のひとつ。

ヤマユリ
見ごろは6月下旬〜8月。花は大きく、強い香りがある。

ニジュウヤホシテントウ
成虫は4〜10月ころ見られる。成虫、幼虫ともにナス科植物の葉を食べ、独特の食痕を残す。

アカスジカメムシ
成虫は6〜8月ころに見られる。セリ科植物を訪花し産卵する（写真左）。背面の赤と黒の縦縞がよく目立つ。においは弱い。

小暑 | 末候 | 鷹乃学習

新暦でおよそ7月17～22日

7/17
- ホシガラス水場に飛来　2008年 山梨県富士山5合目奥庭自然公園　唐沢孝一

7/18
- キンミズヒキ開花　2016年 千葉県市川市江戸川周辺　大野透
- サルスベリ開花　2016年 千葉県市川市　大野透
- アオスジハナバチ吸蜜　2014年 千葉県柏市北柏　高野典子
- タマムシ産卵　2014年 奈良県奈良市佐紀町　川邊透

7/19
- ゼンテイカ（ニッコウキスゲ）花　2015年 栃木県日光市奥日光戦場ヶ原　佐々木稔
- ノアザミ花　2015年 栃木県日光市奥日光戦場ヶ原小田代　佐々木稔
- ノハナショウブ花　2015年 栃木県日光市奥日光戦場ヶ原小田代　佐々木稔　★見ごろは6～8月ころ。
- ナナフシモドキ成虫　2010年 千葉県市川市大町自然観察園　大野透

7/20
- ハス花　2012年 千葉県君津市君津台　川名興

7/21
- キバラヘリカメムシ成虫　2013年 東京都葛飾区水元公園　大野透

7/22
- ナツズイセン開花　2016年 千葉県富津市青木　川名興
- ルリタテハ幼虫　2015年 埼玉県越谷市越谷アリタキ植物園　熊倉厚子

鷹乃学を習う（たかすなわちわざをならう、たかすなわちがくしゅうす）

オオタカの雛は6〜7月に巣立ち、8月ころまで親と共に暮らす。その間、飛び方や狩りの方法、天敵を避ける術などを親から学び、秋には一人前のハンターとして独立する。最近は都会の公園でもタカの親子が見られる。

ホシガラス
留鳥または漂鳥。夏の富士山、日本アルプスなどでよく見かける。

キンミズヒキ
見ごろは7〜10月。果実にはかぎ状のとげがあり、衣服につく。

サルスベリ
見ごろは8〜9月と長く、百日紅の漢名がある。東京の開花平均日は7/16（1981〜2010年）。

タマムシ産卵
成虫は6〜9月ころに見られる。体色がいろいろな色に見えることから玉虫色と例えられる。別名ヤマトタマムシ。

アオスジハナバチ
成虫は7〜10月ころハギ類の花でよく見られる。腹部の淡青色の横筋が特徴。

ゼンテイカ
見ごろは8月上旬ころ。別名ニッコウキスゲとして知られている。高原に大きな群落をつくる。

ノアザミ
見ごろは5〜8月。

ナナフシモドキ
成虫は6〜11月ころ林縁のコナラやカシ類、サクラなどで見られる。別名ナナフシ。

ハス
見ごろは7〜8月。花の色は白〜淡紅色。

キバラヘリカメムシ
マユミ、ニシキギ、ツルウメモドキなどの果実に集まる。腹面が鮮やかな黄色。発する臭気を青リンゴのにおいと感じる人もいる。

ナツズイセン
見ごろは8〜9月。名前は夏水仙で、ヒガンバナの仲間。

ルリタテハ
幼虫（左、前蛹）はとげだらけ。ホトトギスなどを食べる。園芸用タイワンホトトギスの植栽により都市部で増えている。写真右は成虫。

大暑

たいしょ
7月23日〜8月6日ころ

烏瓜今宵の花のみな低く　立子

一年で最も暑い真夏。ぎらぎらと晴天の続くころである。野外では木陰のありがたさを実感することだろう（熱中症にはご用心！）。学校は夏休み。定番は昆虫採集と思っていたら、近頃では昆虫少年は希少種のようだ。

オニヤンマ成虫（オニヤンマ科）。左右の複眼は1点で接している。
鈴木智

鈴木信

おすすめの観察テーマ

トンボは眼の付き方が目の付けどころ

昆虫少年のお目当ては、今も昔もカブト・クワガタ・セミ・トンボ。トンボの中でもオニヤンマは日本最大種で不動の人気だが、他にもコオニヤンマ、ギンヤンマなど、ヤンマの名の付く仲間がいる。しかし、分類学的には科のレベルで違うので、十把一絡げにしてはいけない。

もし、間近で観察できたら複眼を上から見てほしい。左右の複眼が離れているコオニヤンマはサナエトンボ科、左右の複眼が1点で接しているオニヤンマはオニヤンマ科、左右の複眼が線で接するギンヤンマはヤンマ科である。眼の付き方が目の付けどころ。

（鈴木信夫）

豆知識①

交尾のために、雄が尾端の把握器で雌の後頭部を掴み、二重連になる。しかしこれでは交尾できない。そこで雄は腹部前方下面にある副性器に精子を移しておき、雌はそこから精子を受け取る。
イトトンボやモノサシトンボなどの雄は、写真のように葉や枝にとまってから副性器に精子を移す。
写真はマサキルリモントンボ（八重山諸島に分布）の交尾。
2007年5月11日、沖縄県石垣市
鈴木信

①連結後、葉にとまったところ。前方が雄、後方は雌。

コオニヤンマ成虫(サナエトンボ科)。左右の複眼は離れている。

ギンヤンマ成虫(ヤンマ科)。左右の複眼は線で接している。

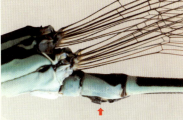

モノサシトンボ雄の副性器(➡印)。交尾前に、ここに自分の精子を移しておく。

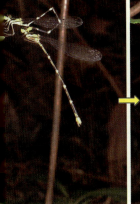

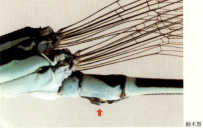

②雄が腹部を曲げ、自分の精子を腹部前方の副性器に移す。

③雌が腹部を曲げ、雄の副性器から精子を受け取る。このとき雌雄はハート形になる。

モノサシトンボ雄の把握器。連結・交尾の間、これで雌を捕まえている。連結したまま産卵する種類も多い。

大暑 初候 桐始結花

新暦でおよそ7月23〜27日

7/23
- ●ヤブミョウガ開花　2015年 群馬県太田市ぐんまこどもの国 <small>金子正</small>
- ●タマアジサイ開花始め　2015年 群馬県桐生市桐生自然観察の森 <small>HP情報</small>
- ●オオムラサキ成虫、幼虫、卵　2004年 山梨県北杜市 <small>平井一男</small>
- ●アブラゼミ初鳴　2000年 千葉県富津市青木 <small>川名興</small>

7/24
- ●キヌガサタケ　2015年 奈良県生駒市生駒山 <small>川邊透</small>

7/25
- ●カラスウリ花　2011年 千葉県市川市大町自然観察園 <small>大野透</small>
- ●エンマコオロギ初鳴　1994年 千葉県富津市青木 <small>川名興</small>

7/26

7/27
- ●マメハンミョウ大量発生　2013年 埼玉県越谷市大吉調節池 <small>石井秀夫</small>

桐始めて花を結ぶ（きりはじめてはなをむすぶ）

ここでいう花は実と解釈する。キリの花は初夏に咲き、この季節はちょうど実を結ぶころだ。あるいは、桐を盛夏に開花するアオギリと解釈する説もある。

ヤブミョウガ
見ごろは7月上旬〜9月ころ。'藪茗荷' の名があるがツユクサ科（ミョウガはショウガ科）。

タマアジサイ
見ごろは9月ころまで。つぼみの時に玉のようになる。

オオムラサキ
日本の国蝶。成虫は6〜8月ころに見られるが、この時期には卵と幼虫も見られる。幼虫の食樹はエノキ。写真は雄。

アブラゼミ
成虫は7〜9月ころに見られる。街なかの公園などでもよく見かける。p98参照。

キヌガサタケ
竹林の地表に出る。美しいレース状だが糞のような臭いがする。

カラスウリ
見ごろは7〜9月ころ。夜になって開花し、朝までにはしぼむ。果実は10/16参照。

エンマコオロギ
成虫は7〜11月ころに見られる。顔は閻魔様を思わせる。鳴き方は優しい。

マメハンミョウ
成虫は6〜10月ころに見られる。体内にカンタリジンという毒をもつ。時代劇で暗殺に使われる斑猫粉は本種の乾燥粉末と考えられる。

大暑 | 次候 | 土潤溽暑

新暦でおよそ7月28〜8月1日

7/28
- アオバト磯で海水を飲む　2011年 神奈川県大磯町照ケ崎海岸　唐沢孝一
- ツクツクボウシ初鳴　1980年 千葉県富津市岩坂八雲神社　川名興

7/29
- アキカラマツ花　2015年 千葉県南房総市富浦町大房岬　川名興
- モウセンゴケ花　2015年 長野県志賀高原渋池　唐沢孝一
- マサキ花　2015年 千葉県南房総市富浦町大房岬　川名興

7/30
- ヤツメカミキリ産卵　2012年 和歌山県伊都郡高野町　大野透

7/31
- ヒメギス成虫雌　2014年 千葉県富津市青木　川名興

8/1
- ハタケノウマオイ　2014年 千葉県富津市青木　川名興

土潤うて溽し暑し (つちうるおうてむしあつし、つちうるおいてあつし)

大地が湿気を含み、蒸し暑いころ。熱中症の危険があり、夜は熱帯夜で眠れない。そんな東京のある公園では、日中の気温が35℃を越える猛暑の日、宝石のように美しいヤブヤンマやマルタンヤンマが姿を現す。

海水を飲むアオバト
留鳥。山地の森に生息し、アオーアオーと鳴く。ここには5〜11月上旬ころまで海水を飲みに飛来する。

ツクツクボウシ
成虫は7月中旬〜10月中旬ころに見られる。一日中鳴くが、とくに夕方に多い。p98参照。

アキカラマツ
見ごろは7〜9月。雄しべがよく目立つ。

モウセンゴケ
見ごろは6〜8月。葉の腺毛から粘液を出して小さな昆虫などを捕える。

マサキ
見ごろは6〜7月。冬になると紅色の種子が目立つ。

ヤツメカミキリ産卵
成虫は5〜8月ころに見られる。サクラなどの樹幹に産卵する。

ヒメギス
成虫は6〜10月ころに見られる。

ウマオイ類
成虫は11月ころまで見られる。ウマオイはハタケノウマオイとハヤシノウマオイの総称。

大暑 | 末候 | 大雨時行

新暦でおよそ8月2日～6日

8/2
- ●コマクサ花　2014年 長野県木曽駒ケ岳周辺　大野透
- ●イワヒバリ　2014年 長野県木曽駒ケ岳　大野透

8/3
- ●カワラナデシコ花　2013年 島根県安来市月山富田城跡　大野透

8/4

8/5
- ●クルマユリ花　2012年 長野県白馬八方尾根　大野透

8/6
- ●タカサゴユリ花　2015年 茨城県取手市　大野透
- ●ハマナデシコ花　2015年 千葉県南房総市富浦町大房岬　川名興
- ●ヒナギキョウ花　2015年 千葉県南房総市富浦町大房岬　川名興

> **大雨時行る**（たいうときどきふる、たいうときにゆく）
> '大雨'は夕立のこと。降りやめば爽やかな青空に変わり虹が出ることもある。最近問題になっているゲリラ豪雨や集中豪雨は1時間に100mmを越えることもあり、被害は甚大、虹どころではない。

コマクサ
見ごろは7〜8月。高山の礫地で見られる。

イワヒバリ
留鳥または漂鳥。高山に生息。雑食性。警戒心が弱く、人の足元まで近づいてくる。

カワラナデシコ
見ごろは夏〜秋。秋の七草のナデシコは本種を指す。

クルマユリ
見ごろは7〜8月。亜高山帯の草地で見られる。

タカサゴユリ
見ごろは9月ころまで。高速道路ののり面に多い。

ハマナデシコ
見ごろは6〜9月。海岸で見られる。

ヒナギキョウ
見ごろは5〜8月。

立秋
りっしゅう
8月7日～22日ころ

この日から秋に入るとされるが、まだまだ暑い盛りである。二十四節気は多少季節を先取りする傾向があるが、立秋はとくに違和感があるだろう。とはいえ、だんだんと夏も衰え、秋の気配が見える。これ以降は夏の名残りの残暑という。

桐一葉日当りながら落ちにけり　虚子

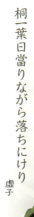

おすすめの観察テーマ

つる植物を観よう

つる植物のよく茂る季節である。つる植物は茎が独り立ちすることはなく、ほかの木やフェンスなどに巻きついたり寄りかかったりしてはびこる。茎を太くするエネルギーをもっぱら長く伸びることにつぎ込む。主軸であるつるは細いがしなやか。簡単には折れたり切れたりしない。
この季節のアレチウリはよい観察材料である。
アレチウリは茎の一部が巻きひげになっている。巻きひげの先が物を探し当てると、くるくると巻いて先端を固定し、それからばねのように巻きあげる。両端を固定して巻けば、中間で巻く方向が変わらなければならない。巻きひげには必ず巻く向きの変わる部分があるので確かめてみよう。

（岩瀬徹）

ここに注目

アレチウリの巻ひげは巻く向きの変わり目がある。

《つる植物の巻きつき方の4タイプ》

①つる自体が巻きつく
クズ、アサガオ・ヒルガオ類、ヘクソカズラなど。

②とげで引っかかる
アカネ、カナムグラ、ヤエムグラなど。つると葉柄がとげでがりがりし、これで引っかかる。

ヘクソカズラ

カナムグラ

川沿いの遊歩道の手すりにからんだアレチウリ。覆いつくしてしまい、巻きひげは新たな巻きつき先を探している。
2014年9月17日、千葉県市川市
ZNK

豆知識① アレチウリの巻きひげは、そもそも主軸(つる)の先端であった。それが巻きひげとなり、そのつけ根にできた芽(腋芽)が代わりに伸びて主軸になる。これを仮軸成長といい、くり返しながらつるが伸びていく。(異説もあるようだ)

豆知識③ カラスノエンドウは葉の先が巻きひげになっている。複葉の一部の小葉が巻ひげに変わったものだ。

豆知識② アレチウリの新しい巻きひげに、指をあててみよう。しばらく待つうちに巻きついてくる。

③巻きひげでかみらつく
アレチウリ、ヤブガラシ、ノブドウなど。

④付着根で張り付く
ナツヅタ(ツタ)、キヅタ、セイヨウキヅタ(アイビー)など。

カナムグラのとげ　ヤブガラシ　ナツヅタ　キヅタ

立秋 | 初候 | 涼風至

新暦でおよそ8月7日〜11日

8/7

8/8
- アカボシゴマダラ成虫（夏型）初認　2014年 千葉県富津市富津公園　川名興

8/9
- オジロアシナガゾウムシ成虫　2015年 千葉県印西市北総花の丘公園　荻原健二
- ノコギリカミキリ成虫　2015年 千葉県印西市北総花の丘公園　荻原健二

8/10
- アオギリ果実の裂開　2016年 茨城県坂東市茨城県自然博物館　大野透

8/11
- オミナエシ見ごろ　2015年 茨城県つくば市筑波実験植物園　HP情報
- ミドリグンバイウンカ成虫　2014年 千葉県市川市江戸川周辺　大野透

> ## 涼風至る（りょうふういたる、すずかぜいたる）
> 涼しい風が吹き始めるころ。七十二候の生まれた中国大陸では暖気が衰えるころだが、日本は猛暑の最中であり、太平洋高気圧の勢力圏内にある。とはいえ、日没は早まり、朝夕に秋の気配を感じることがある。

アカボシゴマダラ
2回目の発生となる夏型成虫は黒い部分が多め。春型は5/5参照。

オジロアシナガゾウムシ
成虫は4〜8月ころにクズの茎で見られる。クズの茎内に産卵し、その部分が虫こぶになる。

ノコギリカミキリ
成虫は5〜9月ころに見られ、夜行性で灯火に飛来する。触角が鋸の歯のよう。

アオギリ果実
裂開した果皮の縁に種子がつく。花は6〜7月ころに咲く。

オミナエシ
見ごろは10月ころまで。秋の七草のひとつ。

ミドリグンバイウンカ
成虫は7〜10月ころ見られる。カナムグラやクワなどにつく。

立秋 | 次候 | 寒蝉鳴

新暦でおよそ8月12日〜17日

8/12 ●気温41℃を記録　2013年 高知県江川崎地区　気象庁　★観測史上国内最高気温。

8/13 ●カガイモ開花　2015年 群馬県太田市ぐんまこどもの国　金子正

8/14 ●オニグモ成体　2007年 群馬県吾妻郡嬬恋村　唐沢孝一

8/15 ●チュウレンジハバチ産卵　2012年 茨城県土浦市　大野透
●マツムシ初鳴　1994年 千葉県富津市西川　川名興

8/16 ●ツルボ花　2007年 千葉県南房総市富浦町大房岬　川名興

8/17 ●ツクツクボウシタケ初認　2014年 東京都練馬区石神井公園　田仲義弘

寒蝉鳴く（ひぐらしなく）

群馬の山村では、ヒグラシのことをカナカナという。早朝や夕暮れ、雨上がりなどに鳴くこの声は、いかにも涼しげで物哀しくもある。都会の公園で鳴くツクツクボウシの鳴き声も、忍び寄る秋を感じさせる。

ガガイモ
見ごろは8月ころまで。晩秋から初冬に綿毛のある種子を飛ばす。

矢作

オニグモ
真夏のころ、夜間に人家のまわりで大きな円い網をはる。写真はセミを捕えたところ。

SKD

チュウレンジハバチ
成虫は4～9月ころに見られ何回か発生を繰り返す。バラ類の茎内に産卵し幼虫はその葉を食べる。写真右は茎内の卵。

SKD・SKD

マツムシ
成虫は8～11月ころに見られる。唱歌で歌われる鳴く虫の代表（チンチロリン）だが近年は減っている。海岸地域に多い。

川邊

ツルボ
見ごろは7月下旬～9月下旬。花は小さいが拡大して見ると美しい。

川名

ツクツクボウシタケ
冬虫夏草の一種。菌はツクツクボウシの幼虫に寄生し、成長してきのこを出す。

田仲

立秋 末候 蒙霧升降

新暦でおよそ8月18日～22日

8/18
- シマスズメノヒエ花　2015年 千葉県市川市江戸川周辺　大野透
- ダイコンソウ果実　2013年 長野県岡谷市　大野透

8/19
- アキノタムラソウ花　2004年 千葉県南房総市富浦町大房岬　川名興

8/20
- キツネノカミソリ開花　2015年 群馬県太田市ぐんまこどもの国　金子正
- ネキトンボ成虫　2015年 群馬県太田市ぐんまこどもの国　金子正

8/21
- ハマスゲ花　2012年 千葉県富津市富津公園　川名興
- メヒシバ穂　2012年 千葉県富津市富津公園　川名興

8/22

> **蒙霧升降す**（ふかききりまとう、のうむしょうこうす）
> 春には霞がたなびき、秋には霧が出やすい。蒙霧は'たちこめる濃霧'、升降は'昇降'。深い霧がたちこめるころだ。
> 郊外では濃霧でも、都心に入ると霧が消えていることが多い。都市が乾燥している証拠でもある。

シマスズメノヒエ
見ごろは7〜10月。花は未明に開き、夜明けころには閉じる。

ダイコンソウ果実
果実はとげで服などにつく。花（写真右）は6〜9月ころに咲く。

アキノタムラソウ
見ごろは7〜10月。花はシソ科の唇形花。

キツネノカミソリ
見ごろは9月ころまで。ヒガンバナの仲間。

ネキトンボ
成虫は5月下旬〜11月ころ、森で囲まれたような池周辺に見られる。翅の付け根が橙色（根黄）。

ハマスゲ
見ごろは7〜10月。地下茎を伸ばして増え、群生する。

メヒシバ
見ごろは7〜10月。花は未明に開き、夜が明けるころには閉じる。

処暑

しょしょ
8月23日〜9月6日ころ

暑さが少しやわらぐころ。朝の風や夜の虫の声に、秋の気配が支配する。
立秋が過ぎてさらに処暑とはややこしいことである。台風の多い季節でもある。

秋の蝗(いなご)つかめば柔らかき
　　　　芥川龍之介

アオマツムシ。街なかでも大きな鳴き声が気になるが、意外に見つけにくい。　浅間

おすすめの観察テーマ

秋に鳴く虫

秋は鳴く虫の季節であるが、童謡'虫の声'に登場するメンバーは、概ね8月上旬には鳴き始める。
処暑の頃になってようやく鳴き始める虫に、アオマツムシがいる。街路樹から'リーリーリー'と大きな鳴き声が聞こえてくるが、あたりも暗く、意外に見つけにくい。一晩中、物音の絶えない都会の夜、少々やかましいアオマツムシの声も馴染んできた気がするのは私だけ？　とはいうものの、残念ながら中国大陸からの外来種である。
一方'虫の声'に登場する日本固有種のクツワムシは、東京や埼玉などでは絶滅危惧種となっている。

　　　　　　　　（鈴木信夫）

唐沢

鈴木智

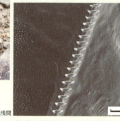

ツヅレサセコオロギ雄と翅のやすり構造。　浅間

豆知識①　バッタの仲間が鳴くのは、雌への求愛や雄同士の威嚇・闘争などのためだが、発音の方法には何通りかある。例えば、コオロギやキリギリスは、左右の前翅をこすり合わせて音を出している。トノサマバッタは、前翅にある'やすり器'を後腿節の内側でこすって音を出す。雄しか鳴かない種が多いが、トノサマバッタは雌雄ともに発音する。

スズムシ。古くから鳴き声の観賞用に飼育されてきた。

池田

クツワムシ。ガチャガチャという独特の声で鳴く。

山崎

江戸名所図会 7巻 道灌山聴蟲 より。国立国会図書館ウェブサイトより転載。

豆知識②

日本には古くから、虫の音を聴いて楽しむ習慣がある。'虫聴き'といい、江戸時代の『江戸名所図会』などにも登場する。
ところで、この虫の音、日本人は左脳(言語脳)で、欧米人は右脳(音楽脳)で聴いているという。つまり、日本人は虫の音を'言葉'として聴いているのに対して、欧米人にとっては非言語、すなわちただの'雑音'となってしまうようである。

処暑 初候 綿柎開

新暦でおよそ8月23日〜27日

ワタの果実

8/23
- ●オオアレチノギク花　2011年 千葉県富津市富津公園 川名興
- ●センニンソウ花　2011年 千葉県富津市富津公園 川名興
- ●カワウ　2015年 千葉県市川市江戸川周辺 唐沢孝一

8/24
- ●ツバメ集団ねぐら　2015年 山梨県上野原市談合坂サービスエリア 唐沢孝一

8/25
- ●オニツルボ花　2015年 千葉県南房総市富浦町大房岬 川名興
- ●コマツナギ花　2015年 千葉県南房総市富浦町大房岬 川名興
- ●ソナレムグラ花　2015年 千葉県南房総市富浦町大房岬 川名興
- ●ラセイタソウ花　2015年 千葉県南房総市富浦町大房岬 川名興

8/26
- ●クサギ開花　2015年 群馬県太田市ぐんまこどもの国 金子正

8/27
- ●カツオドリ、トビウオを捕食　2014年 東京都小笠原村父島近海 唐沢孝一

> **綿柎開く**（わたのはなしべひらく）
> 柎（はなしべ）は'がく'で、がくに包まれたワタの果実が大きくなるころということか。綿毛は果実の中にあり、果皮が裂開するのはもう少しあとだ。木綿の原料となるワタは、かつて日本でも盛んに栽培され、身近であった。

オオアレチノギク
見ごろは7〜10月。小さな頭花を多数つけて大きな花序になる。

センニンソウ
見ごろは7〜9月。果実（写真右、10月撮影）の長い毛を仙人にたとえた名とされる。

ZNK・ZNK SKD・SKD

カワウ
留鳥。巧みに潜水して魚を捕らえ、丸呑み（鵜呑み）にする。このときは大ウナギが嘴にからんでいた。12/3参照。

ツバメのねぐら入り
夏鳥。ヨシ原などでねぐらをとるのが普通。ここでは8月中旬〜下旬の日没前後に数千羽が集まる。p75参照。

川名・唐沢 石井

オニツルボ
見ごろは8〜9月。ツルボ（8/16）の海岸型。

コマツナギ
見ごろは7〜8月。名前の由来は'駒繋ぎ'とされ、茎は強い。

ソナレムグラ
見ごろは8〜9月。海岸の岩場で見られる。漢字では'磯馴葎'。

川名 川名 川名

ラセイタソウ
見ごろは8〜9月。海岸で見られる。

クサギ
見ごろは8〜9月。突き出た雄しべと雌しべが目立つ。果実は9/28参照。

川名 川名

カツオドリ
定期船に驚いて飛び立つトビウオを、カツオドリが次々と襲うシーンを、甲板から観察。

唐沢

処暑 | 次候 | 天地始粛

新暦でおよそ8月28日～9月1日

8/28
- アスパラガス花　2014年 千葉県富津市青木　川名興
- ススキ初穂　1987年 千葉県富津市飯野　川名興

8/29
- イガガヤツリ穂　2000年 千葉県富津市西川　川名興
- ヤブキリ雌成虫　2008年 千葉県富津市青木　川名興

8/30
- アメリカタカサブロウ花　2014年 千葉県富津市青木　川名興

8/31

9/1

> **天地始めて粛し**(てんちはじめてさむし、てんちはじめてしじむ)
> 残暑がようやく鎮まるころ。日中は暑くても、夜の空地や河原ではコオロギやカンタンなどの鳴き声が哀愁を帯びてくる。枕草子に、「秋は夕暮れ、……日入りはてて、風の音、虫の音など、はた言ふべきにあらず」とある。

アスパラガス
見ごろは8月ころ。多年草で、食用にするのは春から初夏に出芽した若い茎。

ススキ
穂が白く見えるのは果実になってから。見ごろは10月ころまで。

イガガヤツリ
見ごろは8～9月。海岸に多いが水田周辺でも見られる。

ヤブキリ
成虫は6～10月ころに見られる。林縁などの植物上で他の昆虫を捕える。

アメリカタカサブロウ
見ごろは7～9月ころ。在来種のタカサブロウより痩果(そうか)は細い。

127

処暑 | 末候 | 禾乃登

新暦でおよそ9月2日〜6日

9/2

9/3
- ●フジバカマ花　2016年 千葉県市川市江戸川周辺　大野透

9/4
- ●フジカンゾウ花　2010年 千葉県我孫子市岡発戸・都部谷津　大野透
- ●コガモ初認　2015年 埼玉県越谷市大吉調節池　石井秀夫
- ●アオマツムシ初鳴　2011年 東京都台東区上野駅前　大野透
- ●スズムシ初鳴　1998年 千葉県富津市青木　川名興
- ●ジョロウグモ成体　2015年 柏市新富町　高野典子
- ●タマゴタケ　2015年 千葉県成田市房総風土記の丘　矢作佳代子

9/5
- ●ツリフネソウ花　2015年 千葉県市川市大町自然観察園　石井秀夫
- ●モズ高鳴き　2015年 千葉県いすみ市　越川重治

9/6
- ●キツネノマゴ花　2012年 千葉県君津市君津台　川名興

禾乃登る (かすなわちみのる、こくものすなわちみのる)

禾は'のぎ'とも読み、イネ科植物を示す。イネやアワ、キビなどの穀物が稔るころである。収穫に感謝する祭りの盛んなころでもある。今ではアワやキビが栽培されることは少ないが、祭事用に作り続けられているようだ。

フジバカマ
見ごろは10月ころまで。秋の七草のひとつ。

フジカンゾウ
見ごろは8〜9月。大きな果実（豆果）が目立つ。

コガモ
冬鳥。湖沼や河川で3〜4月まで越冬。写真は雄。

アオマツムシ雄
8〜10月ころ、暗くなってから大きな声で鳴く。街なかに多いが、樹上生活のため目にすることは少ない。中国原産の帰化昆虫。

スズムシ
成虫は8〜11月ころに見られる。古くから鳴き声を愛でる虫として飼育されるが、野外では少ない。

ジョロウグモ
9〜10月ころに大きな網が目立つ。大きな雌のそばにごく小さな雄がいる。p146参照。

タマゴタケ
はじめ卵型の膜につつまれ、それが割れて中からきのこが現れる。

ツリフネソウ
見ごろは10月下旬ころまで。湿地で見られる。花には大きな距(きょ)があり、つり下がるようにつく。

モズ
高鳴きについてはp130参照。

キツネノマゴ
見ごろは8〜10月。小さい花だが、拡大して観察したい。

白露
はくろ
9月7日〜22日ころ

鵙（もず）の声はねかへしては空の蒼

竹中三津子

暑さがおさまって朝夕はひんやりとし、草花に朝露がつく季節。露は、風が弱く晴れた夜ほどできやすい。秋らしいうろこ雲があらわれ、ススキの穂が黄金色に輝く季節でもある。ただし、大気は安定せず秋雨になりやすい。

おすすめの観察テーマ

モズの高鳴き

秋になるとモズが電線や木の頂きなどにとまり、'ギィー、ギィー、キチキチキチ'と甲高い声で鳴くようになる。これをモズの高鳴きという。映画やテレビで秋の効果音としてよく利用される。

冬季のモズは単独の縄張り生活を送る習性があり、高鳴きはその縄張をめぐって争う舌戦なのである。

モズは、平地では2月ころに繁殖を始め、子育てを終えた親鳥たちは山地へ移動して2回目の繁殖を行い、秋には再び平地に下ってくる。ところが、平地では若鳥たちが縄張りを形成しているため、争いとなるのだ。

激しい空中戦が繰り広げられ、時には取っ組み合いとなって2羽が地上に落下することもある。冬の縄張りが確定する11月ころ、高鳴きはおさまり静かになる。

モズにとって冬の縄張りは、食物確保に重要である。と同時に、雄にとっては春になって配偶者を獲得するためにも重要である。秋の高鳴きは、春に子孫を残せるかどうかの前哨戦でもある。

（唐沢孝一）

豆知識① 「モズの高鳴き75日」といって、高鳴きを聞いてから75日後に霜がおりるとされ農作業の目安にした。実際には、九州では75日より長く、四国・中国地方で75日前後、東北では短くなる。

豆知識② モズの雄（上）では眼を横ぎる黒い線（過眼線）があり、翼に白斑がある。雌（下）では過眼線が褐色で翼の白斑はない。

縄張りに侵入するライバルに対して、鳴きながら攻撃するモズ。

高木の梢で高鳴きをするモズ雄。遠方に見えるのは東京スカイツリー。冬季のモズは、雄も雌も、親鳥も若鳥も、すべて単独の縄張り内で生活する習性がある。
2013年11月23日、千葉県市川市 唐沢

豆知識③

モズの食物は小動物であり、捕らえた獲物をとげに刺したり、小枝にひっかけておく習性がある。これをモズのはやにえ（早贄）という。はやにえは後で食べる貯食説、大きな獲物を刺して処理する固定説などがある。9～10月はとくにはやにえが目立つ時期なので、モズの生息している公園や田畑、河川敷などで探してみよう。

白露 | 初候 | 草露白

新暦でおよそ9月7日～11日

9/7
- ●オオフタバムグラ花　2012年 千葉県富津市富津公園　川名興
- ●カゼクサ初穂　2013年 千葉県富津市西川　川名興
- ●コサメビタキ初認　2015年 群馬県太田市ぐんまこどもの国　金子正
  - ★夏鳥。平地や山地の林に生息。昆虫などを捕食。

9/8

9/9

9/10
- ●カントウヨメナ開花　2015年 群馬県太田市ぐんまこどもの国　金子正
- ●オオソリハシシギ秋の渡り　2014年 千葉県習志野市谷津干潟　唐沢孝一
- ●ヘクソカズラグンバイ成虫　2013年 千葉県市川市　大野透

9/11
- ●ウミネコ　2015年 千葉県市川市江戸川周辺　唐沢孝一
- ●サシバ渡り　2015年 群馬県太田市ぐんまこどもの国　金子正
- ●ヒメアマツバメ　1999年 東京都八王子市高尾山口駅周辺　唐沢孝一

草露白し（くさのつゆしろし）

草に降りた露が白く見えるころ。露は、気温が下がり空気中の水蒸気が水滴となったもの。夜には'夜露'、早朝には'朝露'が降りる。朝露に朝日があたると宝石のように輝く一瞬がある。クモの網に降りた露もまた美しい。

オオフタバムグラ
見ごろは7〜9月。1920年代に記録された帰化植物。漢字では'大双葉葎'。

カゼクサ
見ごろは8〜10月。花は未明に開き、夜明けころには閉じる。

カントウヨメナ
見ごろは7〜10月。関東以北で見られる。中部以西ではヨメナが見られる。

オオソリハシシギ
旅鳥。嘴（くちばし）が反った大型のシギで、秋の渡りで飛来。干潟で採餌する。

ヘクソカズラグンバイ
ヘクソカズラの葉が白くかすり状になっていたらルーペで見てみよう。小さいが独特な姿。20世紀末以降、分布拡大中の帰化昆虫。

ウミネコ
留鳥。海岸や河口などに生息。このときは海が荒れた翌朝に江戸川河川敷に飛来していた。

サシバ
夏鳥。春秋に群で渡るのが見られる。渡りのピークは伊良湖岬では9月下旬〜10月上旬。

ヒメアマツバメ
留鳥。イワツバメなどの古巣を利用して繁殖する。このときはイワツバメの巣に出入りしていた。

白露 次候 鶺鴒鳴

新暦でおよそ9月12日〜17日

9/12

9/13
- ヒヨドリジョウゴ開花盛期　2015年 埼玉県日高市清流　金林和裕
- キリギリス成虫　2015年 川崎市宮前区多摩川周辺　荻原健二
- ショウリョウバッタ成虫　2015年 川崎市宮前区多摩川周辺　荻原健二

9/14

9/15
- ジョロウグモ交尾（交接）　2015年 千葉県市川市江戸川河川敷　唐沢孝一

9/16
- カケス初認　2015年 群馬県太田市ぐんまこどもの国　金子正

9/17
- セイタカアワダチソウ開花　1990年 千葉県富津市青木　川名興

134

> **鶺鴒鳴く**（せきれいなく）
> セキレイが鳴くころ。七十二候は中国の暦なので、元々は日本固有種のセグロセキレイではない。「北方から渡ってくるイワミセキレイなのか、それともハクセキレイだろうか…」などと思い巡らすのもまた楽しいものだ。

ヒヨドリジョウゴ
見ごろは8～9月。秋から冬に赤い実が目立つ。

キリギリス
成虫は6～10月ころに刈り込みの少ない草はらで見られる。鳴き声は聞こえても、なかなか姿を見せない。

ショウリョウバッタ
成虫は7～10月ころ草はらなどで見られる。飛ぶ時の音からチキチキバッタともいわれる。緑色のタイプもある。

ジョロウグモ交尾（交接）
雌が捕らえた獲物を食べているすきに、雄が交尾する。雌の腹側に雄がいる（写真の左側）。p146参照。

カケス
留鳥または漂鳥。山地で繁殖し、秋になると平地に下ってくる。

セイタカアワダチソウ
見ごろは9～10月下旬。p154参照。

白露 末候 玄鳥去

新暦でおよそ9月18日〜22日

9/18
- ヒガンバナ開花　2013年 千葉県富津市西川　川名興
- ジュウガツザクラ開花　2015年 群馬県太田市ぐんまこどもの国　金子正

9/19
- ハウチワカエデ紅葉始め　2009年 栃木県日光市竜頭滝　HP情報　★見ごろは12月上旬ころまで。
- クツワムシ鳴き声盛期　2012年 東京都葛飾区　川邊透
- ヤマトシリアゲ成虫（秋型）　2009年 千葉県我孫子市岡発戸・都部谷津　大野透

9/20
- アレチヌスビトハギ花と実　2015年 千葉県市川市周辺　大野透

9/21
- ヘビヌカホコリ　2014年 茨城県坂東市茨城県自然博物館　矢作佳代子

9/22
- ノコンギク開花　2015年 栃木県日光市湯ノ湖　HP情報
- アキアカネ産卵　2015年 千葉県市川市江戸川周辺　唐沢孝一

> **玄鳥去る**（げんちょうさる、つばめさる）
> 春にツバメが渡来する'玄鳥至'、そして秋に渡去する'玄鳥去'。一年の半分を日本で過ごし、人家の軒下などで繁殖する。子育てを見守ってきた人にとっても別れは寂しい。「馬かりて燕追ひ行くわかれかな」（北枝）

ヒガンバナ
見ごろは9月中旬〜下旬。p138参照。

ジュウガツザクラ
見ごろは10月ころまで。毎年、春秋の2度開花する。

クツワムシ
成虫は8〜11月ころに見られる。林縁や河川敷の藪などに生息する。体色は褐色型と緑色型がある。

ヤマトシリアゲ（秋型）
体色の黒い春型（5/3）に対し、晩夏から秋に現れる第2回成虫は黄褐色。

アレチヌスビトハギ
見ごろは8〜10月。果実が衣服に着く。

ヘビヌカホコリ
変形菌（粘菌）の一種。朽ちた切株などで春から秋まで見られる。変形菌はバクテリアなどを捕食する動物的性質と、胞子で繁殖する植物的・菌類的性質をもつ。

ノコンギク
見ごろは11月下旬ころまで。カントウヨメナ（9/10）に似るが、ノコンギクは冠毛が長く花のときにも見える。

アキアカネ産卵
雄と雌が連結して水面に打ち付けるように産卵する（打水産卵）。ナツアカネは打空産卵（10/30）。

秋分

しゅうぶん
9月23日〜10月7日ころ

曼珠沙華一茎ごとの火焔かな
　　　　　　　　　三輪青舟

昼と夜の長さがほぼ等しい9月23日ころを秋分という。仏教では秋分の前後7日間を彼岸といい、西方浄土を拝む風習がある。「暑さ寒さも彼岸まで」というように、秋の彼岸では残暑がおさまる。

おすすめの観察テーマ

不思議にみちたヒガンバナ

彼岸を境に急に秋の気配が感じられる。この季節の変化に呼応して一斉に開花するのがヒガンバナである。別名として曼珠沙華（マンジュシャゲ）、花は咲けども葉は出ず、花が終わってから葉が出ることから「お化け花」「きつね花」ともいう。花は豪華で美しいが毒草である。地下の鱗茎（球根）はもとより葉や花にも毒があり、おう吐、下痢、けいれんを起す。毒の成分はリコリン、時に死に至ることから「地獄花」「死人花（しびとばな）」ともいう。ネズミやモグラを寄せつけないことから田の畦に植えられた。墓地にも植えられ、死骸を野犬やオオカミから守った。毒草ゆえに球根は食べられずに残り、飢饉の時は水にさらして毒を抜き、救荒植物として役立った。　　　（唐沢孝一）

豆知識①　1個の大きな花に見えるのは複数（普通6個）の花からなる花序。1個の花は花被片（花弁とがく）6個。糸状のものは雄しべと雌しべだ。

豆知識②　花が終わるころ、根もとから葉を出す。この葉は翌年の晩春まで残り、地上から姿を消す。地下の鱗茎が残り発芽するので、毎年同じ場所で観察できる。

《ヒガンバナの開花の観察》

ヒガンバナは、本当に彼岸に咲くのだろうか。庭の群落で調べてみた。
同じ群落を何年にも渡って記録をとってみると、開花日や満開の時期、終認などが年によって変化することが分かって面白い。　　　　　　　　　　（唐沢孝一）

グラフの見方
9月になって花茎が伸び最初の花が咲く。この日を'初認'。毎朝、咲いている花序の数を数えて記録し、群落の80％以上の開花を'満開'、最後の花となった日を'終認'とした。

観察対象とした自宅の庭のヒガンバナの群落。一斉に花が咲くと見事だが、花と花が絡みあって毎日カウントするのは骨が折れる。

《おまけ》　日本のヒガンバナはたねをつけないとされる。ところが庭先のヒガンバナにたねができた。試しに播種してみたが発芽しなかった。

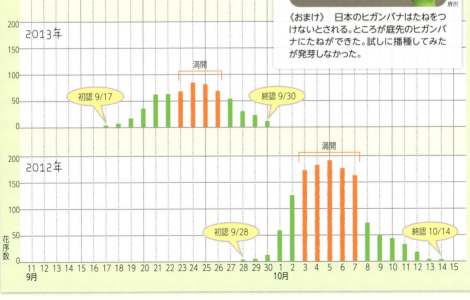

秋分 | 初候 | 雷乃収声

新暦でおよそ9月23日〜27日

9/23
- ノシメトンボ産卵　2005年 埼玉県見沼たんぼ　鈴木信夫
- オオトリノフンダマシ成体、卵のう　2006年 千葉県我孫子市岡発戸・都部谷津　鈴木信夫

9/24
- ヤブマメ開花　2015年 群馬県太田市ぐんまこどもの国　金子正
- ワダン花　2015年 千葉県南房総市富浦町大房岬　川名興

9/25
- カンタン初鳴　1994年 千葉県富津市西川　川名興

9/26
- サワフタギ果実色づく　2015年 千葉県我孫子市岡発戸・都部谷津　大野透

9/27
- キンモクセイ開花　2014年 千葉県市川市　唐沢孝一
- ハシビロガモ初認　2015年 埼玉県草加市そうか公園　石井秀夫

雷乃声を収む (かみなりすなわちこえをおさむ、かみなりこえをおさむ)

雷鳴が聞かれなくなるころ。雷の原因となる入道雲が発生しなくなり、澄みきった秋空となる。タカの渡りの名所、知多半島の伊良湖岬や長野県の白樺峠では、タカの群を観察する大勢のバーダーたちでにぎわう。

ノシメトンボ
成虫は6〜11月ころに見られる。翅の先端が黒褐色。

オオトリノフンダマシ
木や草の葉の裏面にいる。夜間に同心円状の水平円網を張る。写真では、淡褐色紡錘形の卵のうと、上部に成体が見える。

ヤブマメ
見ごろは11月ころまで。林縁などで見られるつる植物。

ワダン
見ごろは9〜11月。暖地の海岸付近で見られる。

カンタン雄
成虫は8〜11月ころ生け垣などの樹上で鳴く。雌は翅がない。

サワフタギ果実
果実は秋に瑠璃色に熟す。水辺など湿ったところに見られる。

キンモクセイ
見ごろは10月中旬ころまで。雌雄異株で日本にあるのは雄株のみとされる。花には強い香りがある。

ハシビロガモ
冬鳥。河川や湖沼などで翌年4月ころまで越冬。写真は雄。

秋分 次候 蟄虫坏戸

新暦でおよそ9月28日〜10月2日

9/28
- クサギ果実色づく　2016年 茨城県坂東市茨城県自然博物館 <small>大野透</small>
- カトリヤンマ産卵　2006年 千葉県千葉ニュータウン <small>唐沢孝一</small>
  - ★成虫は7〜11月ころ木陰の多い池や沼などで見られる。

9/29
- ノビタキ秋の渡り　2015年 千葉県市川市大野町 <small>唐沢孝一</small>

9/30
- オシドリ初認　2015年 群馬県太田市ぐんまこどもの国 <small>金子正</small>
- マガモ初認　2015年 群馬県太田市ぐんまこどもの国 <small>金子正</small>

10/1
- ヒドリガモ初認　2015年 千葉県市川市江戸川周辺 <small>唐沢孝一</small>

10/2
- ユリカモメ初認　2013年 千葉県市川市江戸川 <small>唐沢孝一</small>

> **蟄虫戸を坏す**（ちつちゅうとをとざす、むしかくれてとをふさぐ）
> 虫が冬眠に入るころ。しかし、冬眠するのは虫だけではない。クモ、カタツムリ、カエル、ヘビなど広く変温動物一般と考えたい。厳しい冬をどこでどのように乗り越えるのか、自然観察の見どころの一つである。

クサギ果実
がくが星形に開き果実が現れる。花は8/26参照。

SKD

ノビタキ
夏鳥。春秋の渡りの季節に平地で見られる。秋に見られることが多い。

石井

オシドリ
留鳥または冬鳥。大木の樹洞などで繁殖する。平地の公園の池などで越冬する。写真は雄。

唐沢

マガモ
冬鳥。各地の湖沼、池、河川などで越冬。写真左は雌、右は雄。

石井

ヒドリガモ
冬鳥。河川や湖沼などで翌年4月ころまで越冬。写真左は雌、右は雄。

石井

ユリカモメ
冬鳥。人の与える餌によく集まる。翌年3～4月ころまで越冬。

唐沢

秋分 末候 水始涸

新暦でおよそ10月3日〜7日

10/3
- ツリガネニンジン花　2005年 千葉県勝浦市鵜原理想郷　川名興
- ワレモコウ花　2005年 千葉県勝浦市鵜原理想郷　川名興

10/4
- オナガグモ成体　2015年 千葉県我孫子市岡発戸・都部谷津　大野透

10/5

10/6
- ヒゲナガカメムシ成虫　2012年 千葉県市川市江戸川周辺　大野透
- ヤマガラ、エゴノキ果実を食べる　2007年 東京都千代田区皇居東御苑　唐沢孝一

10/7
- ウラベニホテイシメジ　2015年 千葉県印旛郡栄町房総風土記の丘　矢作佳代子

> **水始めて涸る**（みずはじめてかる、みずはじめてかるる）
> 田んぼから水を抜き、稲刈りの準備をするころ。最近は稲刈りが早まり水を落とす時期が早まってきた。水田生物への影響も大きい。'涸る'は'情熱が涸る'のように用い、'枯る'よりも物哀しいものがある。

ツリガネニンジン
見ごろは8〜10月。本種はキキョウ科で、セリ科のニンジンとの関係はない。

ワレモコウ
見ごろは7〜10月。花は穂の先から元へ順に咲く。花が終わってもその形のまま残る。

オナガグモ
林縁に数本の糸を張り、それを渡ってくるほかのクモを捕食する。じっとしていると松の葉に似ている。緑色型と褐色型の2タイプがある。

ヒゲナガカメムシ
エノコログサ類などイネ科の穂に群がって吸汁する。前脚が太い。

ヤマガラ
留鳥。両足でしっかりとエゴノキの果実や種子を押さえ、嘴（くちばし）でつつく。

ウラベニホテイシメジ
大きくて目立つ。かさの表面に指で押したような斑紋やかすれたような紋様がある。

寒露

かんろ
10月8日〜22日ころ

朝露が寒さで凍って霜になる直前の状態を寒露という。大気の状態が安定し、空気が澄んで清々しい秋晴れの日が多くなる。夜空の星や月（十三夜月）が美しく輝いて見える。キクが咲き、コオロギが鳴き始め、北国からはガンやハクチョウが飛来する

けふからは日本の雁ぞ楽に寝よ　　一茶

おすすめの観察テーマ

ジョロウグモの網の観察

夏の半ばから秋の終わりころまで、林縁の小道などの頭上に、ジョロウグモの大きな網が目立つ。6月ごろの子グモのときは草や低木に小さな網を張っていたものが、あっという間に成長し大きな網を張ったのである。獲物が多く条件の良い場所には、多数の網が空間にひしめき合うこともある。

漢字で表すと'女郎蜘蛛'と思っている人が多いようだが、これは誤りで'上臈蜘蛛'が正しい由来とされる。平安時代の女官は身分の高い順に上臈、中臈、下臈とされた。また、江戸幕府の大奥の職名としても上臈という官位が使われていた。そう思って観察すると、赤・黄色の艶やかさは高貴な色合いに見えてくるのではないだろうか。

ジョロウグモは雌の体長が2〜3cmほどの大きなクモである。じっくりと観察して見てみると面白い発見があるはずだ。　　（浅間茂）

ジョロウグモは'上臈蜘蛛'。雌成体の腹部背面は黄と黒の紋様。

腹部腹面には赤い斑紋が目立つ。写真はオオハラナガツチバチを捕えたところ。

写真では見えないが大きな網が張られている。網上、➡印の3か所に雄がいる。雌の近くにいるほど順位の高い雄だ。

馬蹄形の特徴的なジョロウグモの網。大きなものでは直径1mほどになるだろう。大きいだけでなく、目が細かく小さな昆虫も捕える高性能な網である。ふつう網を張るクモは全面を撤収して張り替えを行うのだが、大きな網を張るようになったジョロウグモは半分ずつ張り替える。網を張るには大きなエネルギーを使うので、効率の良いやり方だ。

2012年10月1日、千葉県我孫子市　浅間

浅間

豆知識①　網を張る手順として、まず縦糸を張った後、中心からぐるぐると足場糸を張る。光を反射しないギザギザの糸が足場糸である。次に足場糸を頼りに外側から横糸を張っていく。ジョロウグモは他のクモと違い、その足場糸を残す。足場糸は見えにくいので、横糸だけが五線譜のように見える。

浅間

豆知識②　大きな雌の網に小さなクモが2、3匹入り込んでいることがあるが、これが雄だ。雄の体長は雌の半分ほどで、まさにノミの夫婦。雌が脱皮をする時や餌を食べている時を狙って交尾（交接）を仕掛ける。写真上は交尾中のジョロウグモ。

豆知識③　秋の終わりに樹幹などに産卵。卵塊を糸で包んだ卵のうをつくる。

トンボを捕まえた雌

寒露 初候 鴻雁来

新暦でおよそ10月8日～12日

10/8
- トビ　2015年 神奈川県三浦市小網代の森　唐沢孝一

10/9
- ヒバリ秋のさえずり　2015年 千葉県市川市江戸川周辺　唐沢孝一
  ★留鳥。春（2/6）のほかに秋10～11月にもさえずる。p6参照。

10/10
- コセンダングサ花　2012年 千葉県君津市君津台　川名興
- ノブドウ果実色づく　2010年 千葉県市川市　唐沢孝一
- アリジゴク（ウスバカゲロウ類の幼虫）　2014年 奈良県大和郡山市矢田丘陵　川邊透

10/11
- クロウリハムシ成虫　2012年 千葉県富津市青木　川名興
- オオカマキリ共食い　2002年 千葉県市川市大町自然観察園　唐沢孝一

10/12
- セイタカシギ鳴声　2013年 千葉県木更津市畑沢　川名興

鴻雁来る（こうがんきたる）

マガンやヒシクイなどの雁が日本にやってくるころ。鉤になり、竿になり、晩秋の大空を編隊飛行する姿は見応えがある。鳥たちが運ぶ季節の便りには温もりが感じられる。「初雁のこゑ聴きしより風つのる」（根岸善雄）。

トビ
留鳥。海岸や湖沼、河川に生息し市街地や漁港ににも多い。別名トンビ。このときはミサゴが捕らえた魚を横取りしようとしていた。

コセンダングサ
見ごろは8〜10月。果実は11/15参照。

ノブドウ果実
花は6〜8月ころに咲く（6/9）。

アリジゴク
乾いた場所にすり鉢状の穴を掘って獲物を待つ。ウスバカゲロウ類の幼虫。成虫になるまで2〜3年かかるので一年中見られる。

クロウリハムシ
この時期にアレチウリで多く見られる。葉に円形の食痕を残す。これをトレンチ行動という。

オオカマキリ
春に孵化した幼虫（4/21）は、夏に成虫になり秋まで林縁などの植物上で見られる。

セイタカシギ
留鳥。ビューイと鳴く。警戒時はケレッケレッ、飛び立つときはピピッ。長い足でより深い水域で小魚やエビを捕える。

寒露 | 次候 | 菊花開

新暦でおよそ10月13日～17日

10/13

10/14
- ハシブトガラスがカジノキ果実を食す　2015年 東京都新宿区新宿御苑　唐沢孝一

10/15
- サザンカ開花　2015年 群馬県太田市ぐんまこどもの国　金子正
- ジョウビタキ初認　2015年 千葉県市川市江戸川周辺　唐沢孝一
- ムクドリ集団ねぐら　2008年 千葉県市川市　唐沢孝一

10/16
- カラスウリ果実色づく　2016年 千葉県市川市大町自然観察園　大野透
- ツマミタケ　2011年 埼玉県さいたま市緑区見沼自然公園　大野透

10/17
- オナガガモ初認　2013年 千葉県市川市江戸川　唐沢孝一

> **菊花開く**（きくのはなひらく）
> キクは秋を代表する花である。ここでいう菊はノコンギク、ユウガギク、ヨメナなどの野山を彩る野菊であろう。菊祭りで展示される大ぶりのキクとは異なる、野菊ならではの味わいがある。

ハシブトガラスの糞
ハシブトガラスの糞に混じるカジノキの種子。右はカジノキの果実。

サザンカ
見ごろは10月〜翌年2月。ツバキ（12/7）と異なり花弁がばらばらになって落ちる。p162参照。

ジョウビタキ
冬鳥。翌年3〜4月ころまで単独で越冬する。

ムクドリねぐら入り
留鳥。初夏から冬には、夕方になると数千羽〜数万羽がねぐらに集まり夜を過ごす。

カラスウリ
熟した果実は秋遅くまで残る。花は7/25参照。

ツマミタケ
先端は指でつまんだような形をしている。強烈なにおいで虫を呼ぶ。

オナガガモ
冬鳥。池や河川などで越冬する。写真左は雄、右は雌。

寒露 | 末候 | 蟋蟀在戸

新暦でおよそ10月18日～22日

10/18 ●メボソムシクイ渡り　2000年 東京都江東区仙台堀川　唐沢孝一

10/19

10/20 ●カンムリカイツブリ初認　2015年 千葉県市川市江戸川　唐沢孝一

10/21 ●タンキリマメ果実　2012年 千葉県市川市　大野透
●イロハモミジ紅葉始め　2015年 茨城県つくば市筑波実験植物園　HP情報
●オオアオイトトンボ産卵　2005年 千葉県印西市　唐沢孝一

10/22 ●ミヤマアカネ連結産卵　2007年 埼玉県秩父郡長瀞町　唐沢孝一

> **蟋蟀戸に在り**（きりぎりすとにあり）
> キリギリスが戸口で鳴くころ。キリギリスのよく鳴くのは約2か月、夏の日中だ。晩秋まで生き残れるのか疑問が残る。昔はコオロギをキリギリスと言ったので、晩秋に鳴くツヅレサセコオロギのことかも知れない。

メボソムシクイ
漂鳥。渡りの途中に都会の公園に立ち寄ることがある。

唐沢

カンムリカイツブリ
冬鳥。各地の河川や大きな湖沼などで越冬する。

石井

タンキリマメ 果実
秋に赤い実が目立つ。裂開すると中に二つの種子。花は7〜9月ころに咲く。

SKD

イロハモミジ 紅葉
見ごろは12月上旬ころまで。別名イロハカエデ。東京の紅葉日は11/25（2014年）。花は4/18参照。

SKD

オオアオイトトンボ
成虫は5〜12月ころ見られる。水面に覆いかぶさるような木の枝に産卵する。

唐沢

ミヤマアカネ
成虫は6〜12月ころ見られる。翅に褐色の帯がある。名前は深山だが、低山帯の里山で見られる。

ZNK

霜降

そうこう
10月23日～11月6日ころ

朝夕が冷え込むようになり、霜が降りるころのこと。このころの霜は、まだ山の上や寒冷地の話であり、平地では少し先のことになる。草木も冬の準備を始め、紅葉の季節となる。

むくろじのたくさんなりて落ちそめぬ　青霞

おすすめの観察テーマ

セイタカアワダチソウ

セイタカアワダチソウは外来の雑草で、繁殖力がすごい。種子が圧倒的に多く、しかも発芽の条件が日本の風土にかなう。また種子だけでなく根茎によっても増える。さらには根から化学物質を出して他の植物の発芽を抑える性質もある（アレロパシー）。広がり始めた当初（1950年代）は、日本中を席巻するのではないかと恐れられたが、ここへきて落ち着いたようだ。

チョウやミツバチなどの昆虫がよく訪花し、この季節の貴重な蜜源植物となっている。花のない季節でもセイタカアワダチソウヒゲナガアブラムシが茎に群がり、それを食べに捕食性昆虫が集まる。これらの中に観察テーマがあると思う。

なお、虫媒花であることから、花粉症の原因にならないことは明らかだ。　　　　　（川名興）

訪花するセイヨウミツバチ。この時期の重要な蜜源植物となっている

SKD

豆知識①

1個の頭花には10数個の舌状花と数個の管状花がある。右の写真で長く突き出ているのが管状花。
小さな頭花が枝に密につき、大きな花穂となる（写真下）。全体ではすごい数の花だ。

SKD

SKL

収穫後の田んぼの畦に並ぶセイタカアワダチソウ。刈り取られて草丈は低くなったが立派に花をつけていた。
2013年10月30日、千葉県館山市 SKD

太い地下茎を縦横に伸ばし、そこから芽を出して増える。

豆知識②　果実は泡立つようだというのが名前の由来。拡大してみると小さな果実がたくさんあるのがわかる。白く見えるのは冠毛で、これにより風で飛散する。

霜降 | 初候 | 霜始降

新暦でおよそ10月23日〜27日

10/23
- ●ヤブタデ花　2013年 千葉県君津市君津台 _{川名興}　★イヌタデ（10/28）に似るが、花がまばら。
- ●ユウガギク花　2013年 千葉県印旛郡栄町房総風土記の丘 _{矢作佳代子}
- ●オナガガモ・ハシビロガモ雄のエクリプス羽　2004年 東京都台東区上野不忍池 _{唐沢孝一}

10/24
- ●ミノウスバ成虫　2014年 大阪府東大阪市生駒山 _{川邊透}

10/25
- ●ヒメツルソバ花　2015年 千葉県市川市 _{大野透}

10/26

10/27
- ●トネアザミ花　2015年 千葉県南房総市富浦町大房岬 _{川名興}
- ●ヤハズソウ紅葉　2012年 千葉県市川市江戸川周辺 _{大野透}
- ●うどんこ病の子実体　2012年 千葉県市川市 周辺 _{大野透}

> **霜始めて降る** (しもはじめてふる)
> 草の葉に降りた霜に朝日があたり、キラリと輝く瞬間がある。そんな霜に出会えた朝は、気持ちがちょっと前向きになる。霜は空中の水蒸気が急冷されて氷になったもの。朝日に輝き、朝日に解け、露と消える。

ユウガギク
見ごろは7〜11月。漢字では'柚香菊'と表すが柚子の香りはしないようだ。

矢作

オナガガモ雄のエクリプス
カモ類の雄では、換羽の際に一時的に地味な色になる。これをエクリプス羽という。通常のオナガガモは10/17参照。

唐沢

ミノウスバ
成虫は9〜11月ころに見られる。半透明の翅とオレンジ色の毛深い体が特徴。幼虫の食樹はマサキ、マユミ、ニシキギなど。

川邊

ヒメツルソバ
小さな多数の花が球状につく。一年中咲くが、夏の間は途絶える。近年、街なかなどに増えている。

ZNK・ZNK

トネアザミ
見ごろは9〜11月。別名タイアザミ。

川名

ヤハズソウ紅葉
花は8〜10月ころに咲く。

SKD

エノキ裏うどんこ病
白い粉状の胞子をつくるので「うどんこ病」。植物の寄生菌。秋に子のう殻(写真右:子実体、きのこ)をつけるものがある。

SKD・SKD

霜降 | 次候 | 霎時施

新暦でおよそ10月28日〜11月1日

10/28
- イヌタデ赤い穂が目立つ　2014年 千葉県松戸市坂川周辺　大野透
- アオジ初認　2002年 東京都千代田区皇居東御苑　唐沢孝一
- ニホンザル、ヤマボウシの果実を食べる　2000年 長野県北佐久郡軽井沢町　唐沢孝一

10/29
- シャクチリソバ花　2016年 千葉県市川市　大野透

10/30
- ナツアカネ産卵　2013年 千葉県館山市　大野透

10/31
- チャノキ花　2013年 千葉県成田市　矢作佳代子

11/1

> **霎時施す**（こさめときどきふる、しぐれときどきほどこす）
> 晩秋から初冬のころ、小雨が降ったりやんだりするのが時雨。傘をさそうとするとすぐ晴れたりする。時雨は渇れた大地を潤し、紅葉を促すといわている。人も野生動物も、冬支度にとりかかる季節を迎えた。

イヌタデ
見ごろは6〜11月下旬。赤いのは'がく'。

アオジ雌(左)と雄(右)
留鳥または漂鳥。北日本や山地で繁殖し、冬には平地や南方に移動して越冬。終認は4/19 (2003年)。

ニホンザル
軽井沢の別荘地で、落下したヤマボウシの果実を食べる群を観察した。

シャクチリソバ
見ごろは秋。別名シュッコンソバ。果実は1/10参照。

ナツアカネ
雄と雌が連結して、雌の腹端を振って卵を落とす(打空産卵)。アキアカネの産卵(9/22)と比べてみよう。

チャノキ
見ごろは10〜11月。別名チャ。

霜降 | 末候 | 楓蔦黄

新暦でおよそ11月2日～11月6日

11/2

11/3
- ヤクシソウ花　2004年 千葉県南房総市花嫁街道 川名興
- ムラサキシキブ果実色づく　2016年 千葉県柏市こんぶくろ池 大野透
- モミジバフウ種子散布　2016年 千葉県柏市柏の葉公園 大野透
- ユリノキ果実裂開　2016年 千葉県柏市柏の葉公園 大野透

11/4
- オオハナワラビ胞子葉　2015年 茨城県つくば市高崎自然の森 飯島和子
- フユノハナワラビ胞子葉　2015年 茨城県つくば市高崎自然の森 飯島和子
- ホシホウジャク成虫　2000年 東京都文京区小石川後楽園 唐沢孝一
- カニノツメ　2015年 茨城県つくば市高崎自然の森 飯島和子

11/5
- ユビナガコウモリ　2006年 千葉県鴨川市太夫崎 唐沢孝一

11/6

> **楓蔦黄ばむ** （もみじつたきばむ）
> カエデやツタの葉が黄緑色から黄、紅色に鮮やかに変化する。その美しさ、彩りは、人々を魅了してやまない。
> 植物が表現する秋の情景を観よう。樹々の声を聴いてみよう。「蔦の葉の二枚の紅葉客を待つ」（虚子）

ヤクシソウ
見ごろは8〜11月。日当たりのよいところで見られる。

ムラサキシキブ果実
秋に色づいた果実が目立つ。花は6/25参照。

モミジバフウ果実と種子
垂れ下がった果実に孔が開き、そこから翼のある種子を散らす。漢字では'紅葉葉楓'だがカエデの仲間ではない。

ユリノキ果実裂開
晩秋のころ大きな翼のある種子を散らす。花は5/1参照。

オオハナワラビ
胞子葉の見ごろは10〜11月。栄養葉は年に一枚ずつ出る。フユノハナワラビよりも大型。

フユノハナワラビ
胞子葉の見ごろは10〜12月ころ。栄養葉は年に一枚ずつ出る。

カニノツメ
晩秋から見られ、カニの爪そっくりのキノコの仲間。強い悪臭がある。

ユビナガコウモリ
日中は洞窟内で眠る。写真は7、8匹がかたまり合って天井からぶら下がっている。

立冬

りっとう
11月7日～21日ころ

立冬は冬の始まりである。西高東低の冬型の気圧配置となり、木枯らし一号が吹き荒れ、初霜が降りる。山々からは初冠雪の便りが届き、日本庭園では冬の風物詩である雪吊りや松のこも巻きが行われる。チャノキの花にメジロが飛来する。

海に出て木枯らし帰るところなし　山口誓子

おすすめの観察テーマ

ツバキ・サザンカの花と鳥や虫との関係

ツバキとサザンカとは見かけがよく似ていて、しばしば混同されている。花の盛りはツバキでは早春、サザンカでは初冬だが、ツバキの花期は11月から4月までと非常に長く、立冬のころには両者の花が見られる。

野生種であるヤブツバキは日本では数少ない鳥媒花で、花には鳥に花粉媒介を託すのに適したさまざまな特徴が見られる。

一方、サザンカは鳥だけでなく昆虫も花粉媒介者として利用する道を選んだ。花には訪れた昆虫が蜜や花粉を採取しやすい特徴が備わっている。

花粉媒介者との関係という視点から花の特徴を見直してみると、なるほどと納得のいくさまざまな事実に気づき、興味深い。花の少ないこの時期に、ツバキやサザンカは格好の観察対象となる。　　　　（中安均）

ヤブツバキの花弁の赤い色は鳥を誘うメッセージ。5枚の花弁は基部で合着し、全体がお椀形。雄しべも合わさって筒状の構造をつくっている。花を訪れたメジロやヒヨドリは顔を埋めるようにして筒の底に溜まった蜜を吸い、その際に花粉の受け渡しが起こる。
2016年12月4日、千葉県佐倉市

ヤブツバキの花の蜜を吸いに来たメジロ。分厚くて丈夫な花弁に爪を引っ掛けてとまる。

サザンカの花を訪れたミドリイエバエとオオハナアブ。サザンカの花は皿のような形で、雄しべの基部も筒状にはなっていない。そのため、口先が短く、花に潜る習性も持たないハエやハナアブ類でも蜜を吸うことができる。

中安

豆知識①

立冬の初候の言葉「山茶始めて開く」では'山茶'を'つばき'と読んでいる。しかしツバキといえば'椿'と書くのが普通であり、早春に咲く花のイメージがあって、春の季語にもなっている。ここでの'山茶'はツバキではなくサザンカを指しているとするのが通説のようだ。サザンカは漢字では'山茶花'と書くが、これはツバキ類を総称した中国名である'山茶'に由来している。

サザンカの花では花弁がほとんど合着せず、ほぼ水平にまで開く。花が終わると、ツバキでは花弁と雄しべとがくっついたまま丸ごと落ちるが、サザンカではばらばらになって散る。(写真は園芸品種)
2016年11月30日、千葉県印旛郡栄町

中安

ヤブツバキの蜜を吸いに来たヒヨドリ。くちばしの基部が花粉で黄色く染まっている。

豆知識②

ツバキとサザンカは葉で見分けることもできる。
ツバキの葉脈は主脈・側脈とも明瞭で、光に透かすと白く抜けて見える。(左)
一方、サザンカの葉脈の主脈は明瞭だが側脈は不明瞭で、光に透かしても白く抜けては見えない。(右)

中安

SKD　　SKD

立冬 初候 山茶始開

新暦でおよそ11月7日～11日

11/7 ●ツグミ初認　2007年 千葉県富津市青木　川名興

11/8 ●オカヨシガモ4羽越冬　2007年 東京都千代田区皇居清水濠　唐沢孝一

11/9 ●木枯らし1号　2016年 東京都　気象庁
★晩秋から初冬の間に初めて吹く秒速8m以上の北寄りの風を木枯らし1号という。
●コウヤボウキ開花　2015年 群馬県太田市ぐんまこどもの国　金子正

11/10 ●ヤツデ花　2014年 千葉県成田市成田山新勝寺境内　矢作佳代子
●シロハラ初認　2015年 群馬県太田市ぐんまこどもの国　金子正

11/11 ●雪虫（ケヤキヒトスジワタムシ）初認　2015年 東京都江東区亀戸3丁目　田仲義弘

山茶始めて開く（つばきはじめてひらく）

読みはツバキだが、季節的にはサザンカが咲き始めるころだろう。ツバキの開花はもう少し先になる。サザンカは品種によって赤や白、あるいは紅白まだらなど、さまざまな花がある。ツバキとサザンカについてはp162参照。

ツグミ
冬鳥。河川敷や公園の芝生などで5月上旬まで越冬。1/22参照。

オカヨシガモ
冬鳥。お濠で越冬中の雌雄。越冬中にカップルが形成される。

コウヤボウキ
見ごろは9〜11月上旬。草本のように見えるが木本。漢字では'高野箒'。

ヤツデ
見ごろは10月〜12月上旬。ハエやハチなど昆虫の訪花が見られる。

シロハラ
冬鳥。林の落ち葉などをひっくり返して小動物を捕食する。

雪虫
多数の小さく白い虫が雪のように舞うので雪虫。正体はアブラムシ類の寄主転換のための飛翔である。北国では雪虫が舞うと雪が降るともいわれる。写真はケヤキヒトスジワタムシ（左）とその虫こぶ断面（右、5月末撮影）。

立冬 次候 地始凍

新暦でおよそ11月12日～16日

11/12
- シメ初認　2015年 群馬県太田市ぐんまこどもの国　金子正
- ノスリがカラスに追われる　2013年 千葉県富津市西川　川名興

11/13
- イソギク花　2015年 千葉県南房総市富浦町大房岬　川名興
- モズがネギにはやにえ　2016年 埼玉県深谷市　小島雅子
- キタテハ成虫　2012年 千葉県富津市青木　川名興
- マルカメムシ成虫　2012年 千葉県富津市青木　川名興

11/14
- アカエイ　2013年 千葉県習志野市谷津干潟　唐沢孝一
  ★浅い海の底に生息。このときは5,6尾が上げ潮に乗ってやってきた。

11/15
- イシミカワ果実　2015年 千葉県市川市江戸川周辺　大野透
- カナムグラ果実　2015年 千葉県市川市江戸川周辺　大野透
- コセンダングサ果実　2015年 千葉県市川市江戸川周辺　大野透
- ビワ花　2012年 千葉県南房総市富浦町大房岬　川名興

11/16
- ハシボソガラス、ゴムボールを落として遊ぶ　2012年 千葉県市川市江戸川周辺　唐沢孝一
- ベニマシコ初認　2015年 群馬県太田市ぐんまこどもの国　金子正

> **地始めて凍る**(ちはじめてこおる)
> 寒さが増して大地が凍り始めるころ。ウグイスやシメなどが山を下り、都会の公園や庭にやってくる。モズがつくる'はやにえ'は'草茎'ともいう。貯食が目的だろうか?「草茎を失ふ百舌鳥の高音かな」(蕪村)

シメ
冬鳥。山地で繁殖し、冬には平地の公園などで越冬する。

ノスリ
留鳥。平地から亜高山の林に生息。河川や農耕地などの開けた環境で採餌する。1/11参照。

イソギク
見ごろは11〜12月。海岸地帯で見られる。

マルカメムシ
春から晩秋まで見られる。クズなどマメ科植物につく。

イシミカワ
秋に小さな花が咲き、晩秋には果実が色づく。

モズのはやにえ(カエル)
ネギ畑でモズがカエルをはやにえにしていた。ネギに刺すのは難しいと思われる。貴重な観察記録である。

キタテハ
成虫で越冬し世代を繰り返すので、早春〜晩秋まで見られる。幼虫の食草はカナムグラなど。

カナムグラ
花は8〜9月に咲く。雌雄異株

コセンダングサ
果実はとげで衣服につく。花は10/10参照。

ビワ
見ごろは11〜12月。果実は翌年初夏ころに熟す。

ハシボソガラス
留鳥。都市部に多いハシブトガラス(1/28)に対し、郊外で多く見られる。

ベニマシコ
冬鳥。河川敷の草原などで翌年2〜3月ころまで越冬。

立冬 末候 金盞香

新暦でおよそ11月17日～21日

11/17 ●シロダモ花　2008年 千葉県南房総市富浦町大房岬　川名興

11/18 ●ヒメジョオン花　2016年 千葉県柏市柏の葉公園　大野透

11/19

11/20 ●イイギリの黄葉と果実　2016年 千葉県柏市柏の葉公園　大野透
●フタモンアシナガバチ雄成虫　2011年 千葉県市川市　大野透

11/21

金盞香さく（きんせんかさく、きんせんこうばし）

スイセンには金盞銀台の名がある。白い花弁を銀台、黄色の部分（副花冠）を金盞（金杯）に見立てた。貴重な冬の花である。野生のスイセンは海に面した斜面などに群生し、ほのかな香りを届けてくれる。

シロダモ
見ごろは10〜11月。雌雄異株（写真左は雄株の花）。同じころに目立つ赤い果実は前年開花したもの。
ZNK・川名

ヒメジョオン
見ごろは5〜7月だが(6/14)、秋にも開花が見られる。
SKD

イイギリの黄葉と果実
キリの名がつくが分類ではヤナギ科（またはイイギリ科）。花の見ごろは4〜5月。
SKD

フタモンアシナガバチ雄
アシナガバチ類の営巣活動は女王と働き蜂（雌）だけで行われ、その最後に新女王と雄が生まれる。本種の雄は触角の先が湾曲する。
SKD・SKD

小雪

しょうせつ
11月22日〜12月6日ころ

霜柱しらさぎ空に群るるなり

久保田万太郎

日ごとに寒くなり、北国からは雪の便りが届くころだが、積雪はまだわずかなので小雪という。冬めいて、乾燥した冷たい空気が張りつめてくる。東京周辺では紅葉が終りに近づきイチョウの葉が金色に輝く。

おすすめの
観察テーマ

ムササビの観察

ムササビは森の奥深くに棲み、夜行性のため、姿を見ることはほとんどない。また、木から木へと滑空することからどこか神秘的な動物の印象が強い。そんなムササビの生態が少しずつ解明され、観察方法や観察スポットが紹介されるようになった。
ムササビは、日中は樹洞などで眠っており、日没後30分ころから活動が始まる。明るいうちにねぐらの場所を確認し、ひたすらムササビの出現を待つことになる。
日没後'グルルルー'という鳴き声がし、樹洞から姿を現す。その後、暗い森の中へと一気に滑空する。その一瞬が最大の見どころである。
一年中観察できるが、小雪のころは落葉して観察しやすく、日没が早いので観察できる時刻も早い。よく知られている観察場所としては、薬王院（高尾山）、御岳山（青梅市）、奥氷川神社（奥多摩）、津久井湖城山公園（神奈川県）などがある。
初めての方は、御岳ビジターセンターや津久井湖城山公園などが主催するムササビの観察会に参加することをおすすめする。　　　　（唐沢孝一）

巣箱から出て幹をのぼるムササビ。　朝比奈

飛膜を広げ、暗闇の中を滑空するムササビ。
ムササビには首～前足～後足～尾の間に飛膜があり、これを広げてグライダーのように滑空する。前足には針状の軟骨があり、普段は折り込まれているが飛翔時に外側に張り出し、飛膜を大きく広げられる。
2009年12月1日、神奈川県相模原市津久井湖城山公園　朝比奈

ムササビのねぐら。ケヤキの横枝の樹洞などがねぐらである。

日没後30分ころ、巣箱の中から外のようすをうかがうムササビの子ども。刺激しないように赤いセロファンをかぶせたライトで観察する。

豆知識①

ムササビの食べ残し（花のついたクヌギの小枝）。枝は斜めに切断されている。ムササビは完全な植物食で、木の芽、葉、花、果実、種子などを食べる。食べ残しの小枝や果実、葉などの食痕が落ちているので注意して探してみよう。
2012年4月、神奈川県相模原市津久井湖城山公園

小雪 初候 虹蔵不見

新暦でおよそ11月22日〜26日

11/22
- ●アカハラ初認　1999年 東京都千代田区北の丸公園　千代田の野鳥と自然の会
- ●アリスイ初認　2015年 埼玉県北葛飾郡松伏町まつぶし緑の丘公園　石井秀夫
- ●タゲリ初認　2013年 千葉県富津市西川　川名興
- ●ヨシガモ確認　2015年 埼玉県八潮市八條綾瀬川放水路　石井秀夫
- ●サケ産卵　2015年 茨城県那珂川　飯島和子
- ★10月下旬〜12月上旬にかけて川をのぼり、産卵すると一生を終える。

11/23
- ●リンドウ花　2015年 千葉県市原市梅ヶ瀬渓谷　川名興
- ●クロサギ捕食　2009年 千葉県鴨川市　唐沢孝一

11/24
- ●ジョウビタキ　2012年 千葉県野田市三ツ堀里山自然園　石井秀夫

11/25
- ●イチョウ黄葉　2014年 東京都　気象庁
- ●ホシハジロ初認　2015年 群馬県太田市ぐんまこどもの国　金子正

11/26
- ●スイセン開花　2015年 千葉県富津市青木　川名興

虹蔵れて見えず (にじかくれてみえず)

春の'虹始見'から約7か月、虹が隠れて見えなくなるころ。寒さで空中の水分が凍り、空気が乾燥するためだ。東京都心で2016年11月24日、11月としては54年振りの初雪を記録した。庭で小鳥がにぎわう季節だ。

アカハラ
本州中部以北では夏鳥。山地で繁殖し、冬季は平地の林内で見られる。

アリスイ
北日本では夏鳥。冬季には暖地で越冬。長い舌でアリを食べる。

タゲリ
冬鳥。各地の水田、湿地などで越冬する。

ヨシガモ
冬鳥として渡来し、湖沼、池、河川などで越冬する。個体数は少ない。

リンドウ
見ごろは9〜11月。

クロサギ
留鳥。岩の多い海岸に生息。このときは磯の岩を移動して魚を狙っていた。

ジョウビタキ
冬鳥。このときは車のサイドミラーに映った自分の姿を攻撃していた。10/15参照。

イチョウ黄葉
見ごろは11月上旬〜12月上旬。東京の黄葉平均日は11/20 (1981〜2010年)。

ホシハジロ
冬鳥。湖沼や河川で越冬する。潜水して水草や小動物を食べる。

スイセン
見ごろは12月中旬〜翌年3月。多くの栽培品種がある。

小雪 次候 朔風払葉

新暦でおよそ11月27日～12月1日

11/27
- イロハモミジ紅葉日平均　1981～2010年 東京　国立天文台　★見ごろは12月上旬ころまで。
- ユリカモメの鳥柱　1999年 東京都千代田区皇居大手濠　唐沢孝一

11/28
- 初霜　2015年 埼玉県北本市北本自然観察公園　HP情報　★尾瀬の山の鼻では9/14(2014年)。
- ミコアイサ初認　2002年 東京都千代田区日比谷濠　千代田の野鳥と自然の会
- ハイイロチュウヒねぐら入り　2013年 栃木県渡良瀬遊水地　唐沢孝一

11/29
- オオバン、ホテイアオイを食べる　2014年 東京都葛飾区水元公園　唐沢孝一

11/30
- アブラコウモリ終認　2014年 千葉県富津市青木　川名興
- ★夕方、空地や河川敷を飛ぶのがよく見られる。初認は3/25。

12/1
- 皇居周辺の紅葉と黄葉　2013年 東京都千代田区皇居東御苑　大野透

朔風葉を払う (きたかぜこのはをはらう)

朔風は北風のこと。寒い風に払われて樹々は葉を落とす。見るからに寒さを感じる光景だ。野外観察では朔風対策を心がけ、暖かくして出かけよう。「北風やとしはもゆかぬ柴拾ひ」(郊春)

ユリカモメの鳥柱
冬鳥。群れが上昇気流に乗って旋回しながら昇るようすを鳥柱という。

唐沢

ミコアイサ
冬鳥。各地の湖沼、池、河川などで越冬。潜水して魚や水生動物を捕食する。

唐沢

ハイイロチュウヒ
冬鳥。ねぐら入りする前にヨシ原を飛翔する雄。

唐沢

オオバン
留鳥。湖沼や池などに生息。水草や小魚、昆虫などを食べる。このときはホテイアオイの葉柄(浮袋)を食べていた(写真右)。

川名・唐沢

皇居東御苑の紅葉と黄葉
武蔵野の雑木林を再現した一画があり、鮮やかに色づいていた。

SKD

小雪 末候 橘始黄

新暦でおよそ12月2日〜6日

12/2

12/3 ●カワウ大群の編隊飛行　2014年 千葉県市川市上空　唐沢孝一

12/4 ●ムベ果実熟す　2016年 茨城県土浦市　大野透

12/5 ●タビラコ（コオニタビラコ）芽生え　2015年 茨城県行方市　飯島和子
●ルリビタキ初認　2015年 埼玉県北本市北本自然観察公園　田口和博

12/6 ●初氷　2015年 茨城県行方市　飯島和子　★東京の初氷平均日は12/17(1981〜2010年)。

橘始めて黄ばむ (たちばなはじめてきばむ)

橘は食用ミカンの古代名という。タチバナという植物もあるが、ここではミカンを指すものであろう。ミカンは陽当たりのよい山の斜面に植えられる。黄金色のミカン山を見ると、少しは寒さがやわらぐのでは？

カワウの編隊飛行
11〜12月ころに大群の編隊飛行が見られる。ねぐらと採餌場との往復飛行で、このときは約3,500羽だった。8/23参照。

ムベ
果実は晩秋に熟す。常緑のつる植物。アケビの仲間だが果実は熟しても裂開しない。葉は掌状複葉。

タビラコのロゼット
花は3〜6月ころ。別名コオニタビラコ。p194参照。

ルリビタキ
留鳥または漂鳥。亜高山帯の針葉樹林で繁殖し、冬は平地に下り公園などで越冬。写真は雌（左）と雄（右）。

大雪
たいせつ
12月7日～21日ころ

山では雪が積もり、平野部でも雪が降り始める季節なので大雪という。吹く風は冷たく、吐く息が白く見える。本格的な冬の到来である。ヤブコウジやナンテンの実が赤く色づき、ヒイラギの純白の小さな花からほのかな芳香が漂う。

柊の花のこぼれや四十雀　浪花

霜柱のできた飯島農園の畑。
2011年12月12日、茨城県行方市
飯島

おすすめの
観察テーマ

春を待てない雑草

霜柱ができた我が家の畑には、ダイコンやハクサイなど冬の野菜が元気に育っている。そしてその一角には、青々とした雑草の群落もある。冬の雑草のすがたを観察してみよう。
オオイヌノフグリ、オランダミミナグサ、ナズナ、コハコベ、カラスノエンドウなどの越年草が重なり合うように生えている。よく見ると、花をつけているものもある。この寒さの中、花を咲かせなくてもよいと思うのだが…越年草は普通は冬を越してから花をつけるとされるが、抜け駆けして開花し種子を残そうという戦略だろうか。
冬の雑草は華やかさには欠けるが、冬越しを観察すると、雑草のたくましさに感心させられる。　（飯島和子）

畑の一角の雑草群落。春になると見事なお花畑になるだろう。
飯島

ホトケノザには霜が降りていた。
飯島

ミチタネツケバナ。短い花茎を伸ばして低い状態で花を咲かせている。この形のほうが寒さには強いだろう。普通はロゼットだけで越冬し、翌春に花茎を伸ばす越年草。アブラナ科の雑草にはこの越年草タイプが多い。

冬に咲く花でとくに目立つホトケノザ。寒い時期には真っ赤なホトケノザもあり、この状態でも花をつける。本来は春に花をつける越年草。

豆知識①

タンポポの仲間で真冬にも花をつけるのはセイヨウタンポポ。真夏以外は一年中咲いている。寒さに耐えるためか、花茎は短く地表すれすれで開花する。こちらは多年草だ。

大雪 初候 閉塞成冬

新暦でおよそ12月7日〜11日

12/7
- ツバキ（ヤブツバキ）開花　1992年 千葉県富津市小久保大貫小学校　川名興

12/8
- ハルジオン花　2013年 千葉県富津市西川　川名興
- コブシ冬芽　2016年 茨城県坂東市茨城県自然博物館　大野透
- センダン果実熟す　2016年 茨城県坂東市茨城県自然博物館　大野透
- ニシキギ果実熟す　2016年 茨城県坂東市茨城県自然博物館　大野透

12/9

12/10
- カシラダカ初認　2015年 埼玉県北葛飾郡松伏町まつぶし緑の丘公園　石井秀夫
- モズはやにえ（アオクサカメムシ）　2008年 千葉県市川市大柏川第一調節地　唐沢孝一

12/11
- ムクロジ果実熟す　2015年 東京都港区自然教育園　唐沢孝一

> **閉塞く冬と成る**（そらさむくふゆとなる）
> 天地の陽の気がふさがり、真冬が訪れるころ。日の出は遅く、日没は早まり、雪も降る。そんな冬こそ自然観察が面白い。冬芽、ロゼット、ツバキの花。冬鳥、冬蛾、オツネントンボ。自然はいつも我らを待っている。

ツバキ（ヤブツバキ）
見ごろは12月〜翌年4月。サザンカ（10/15参照）と異なり、花弁がまとまって落ちる。

ZNK

ハルジオン
見ごろは4〜5月（5/3参照）だが、厳冬期にも咲く。

SKD・SKD

コブシ冬芽
毛布のような芽鱗（がりん）に包まれている。大きな冬芽を切ってみると、花になるところと葉になるところが分かる。

ZNK・ZNK

センダン果実
果実は熟すと白くなる。花は晩春から初夏に咲く。

ZNK

ニシキギ果実
晩秋から初冬のころ、熟すと果皮が裂け、種子が現れる。

ZNK

カシラダカ
冬鳥。翌年3〜4月まで越冬。

石井

モズはやにえ（アオクサカメムシ）
p130参照。

唐沢

ムクロジ果実
果皮にサポニンを含み石鹸の代用として使用した。種子は正月の羽根つきの玉として使う。

唐沢

181

大雪 次候 熊蟄穴

新暦でおよそ12月12日～16日

12/12 ●カルガモがネコに襲われる　2004年 東京都新宿区新宿御苑 _{唐沢孝一}

12/13 ●オオジュリン初認　2013年 千葉県市川市江戸川周辺 _{唐沢孝一}
●チョウゲンボウ、スズメを襲う　2013年 東京都荒川区荒川河川敷 _{唐沢孝一}

12/14

12/15 ●スイバのロゼット　2012年 千葉県君津市君津台 _{川名興}

12/16 ●オナガ約70羽の群れ　2015年 千葉県松戸市市街地 _{唐沢孝一}

> 熊穴に蟄る（くまあなにこもる）
> 熊は、秋に食い溜めして体に脂肪を蓄え、12月から4月ころまで冬ごもりする。冬眠中は、飲まず、食わず、排泄もせず、しかも雌は1〜3頭の子を出産し育てる。冬ごもりを迎え、熊被害のマスコミ報道も影をひそめる。

カルガモを狙うネコ
カルガモは留鳥（6/9参照）。このときはネコが岸辺に潜んで狙っていた（日比谷公園で撮影）。

オオジュリン
冬鳥。翌年4月ころまでヨシ原で越冬。

チョウゲンボウ
留鳥。写真は獲物に狙いをつけ、サッと飛び立ったところ。

スイバ
ロゼット（左）で冬を越し、翌春に茎を伸ばして花をつける（右、4月に撮影）。

オナガ
留鳥。カラス科の鳥で食べ物を貯食する習性がある。群れで行動することが多い。

大雪 末候 鱖魚群

新暦でおよそ12月17日～21日

12/17

12/18
- スズメノカタビラ花　2012年 千葉県富津市青木　川名興
- カワアイサ魚を捕食　2003年 東京都千代田区皇居馬場先濠　唐沢孝一

12/19

12/20
- 霜柱を初観察　2015年 埼玉県北葛飾郡松伏町まつぶし緑の丘公園　石井秀夫
- カヤクグリ初認　2015年 埼玉県北本市北本自然観察公園　田口和博

12/21
- ウラジロチチコグサ、ナガミヒナゲシ、ハルジオン、メマツヨイグサのロゼット　2013年 千葉県富津市青木　川名興

鰷魚群がる (さけのうおむらがる、さけむらがる)

サケが川を遡上するころ。海で育ったサケは、生まれた川に戻って産卵し生を終える。そのサケを熊が食べ、死骸にカラスやトビ、川魚などが群がり、糞は森や川の植物を肥やす。サケは地球規模の物質循環を担っている。

スズメノカタビラ
見ごろは早春～春だが、冬の間にも咲く。花は未明に開き、夜明けころに閉じる。

カワアイサ
冬鳥。潜水して小魚を捕食する。写真は雌。

霜柱
地中の水分が毛細管現象で吸い上げられ、地表近くで凍る。これを繰り返し、霜柱となる）。

カヤクグリ
漂鳥。亜高山帯以上の山地で繁殖し冬季は平地で越冬する。

ウラジロチチコグサ
ロゼットで越冬し、翌春花をつける。葉の裏が白い。

ナガミヒナゲシ
ロゼットで冬を越し、翌春に茎を伸ばして花をつける (4/7)。

ハルジオン
ロゼットで冬を越し、翌春に茎を伸ばして花をつける (5/3)。春を待たずに花をつけることもある (12/8)。

メマツヨイグサ
ロゼットは寒さが厳しいと赤くなる。翌年茎を伸ばして夏に花 (7/10参照) をつける場合と、もう一年ロゼットで過ごす場合がある。

冬至

とうじ
12月22日～1月4日ころ

一年で最も日が短い日を冬至というが、節気ではこの期間をいう。冬至を境に日が長くなることから、運が上昇するという意味の'一陽来復'（いちようらいふく）の信仰がある。健康を祈願して柚子湯につかり、カボチャを食べる風習がある。

> 足もとに青草見ゆる枯野かな
> 　　　　　正岡子規

越冬するオオキンカメムシ成虫。キンカメムシの仲間は大型で色や斑紋が綺麗なものが多い。
2016年2月25日、千葉県鴨川市　山﨑

おすすめの観察テーマ

昆虫の越冬を観よう

オオキンカメムシは、房総半島南部以西で集団で越冬する。海岸の常緑樹の葉裏でじっとして冬を過ごす。色鮮やかな成虫が点々と群がっているのを発見するとわくわくしてくる。

彼らは好適な越冬場所を求めて集まってくるだけなのだろうか。集団越冬のメカニズムは分かっていない。大集団をつくるテントウムシ類やカメムシ類は強い体臭を持つが、そのことと関係があるのだろうか。

昆虫は卵や蛹で越冬するものが多いが、成虫で越冬するものも多い。ここではそんな昆虫をいくつか紹介しよう。　　　　　（山﨑秀雄）

カミキリムシの仲間のタテジマカミキリ。カクレミノの枝をかじってスペースをつくり、そこにすっぽりと収まって越冬する。探すのはたいへんかも…

シジミチョウの仲間のムラサキツバメ。成虫が寄り添うように集団で越冬する。暖地性だが分布を広げ、関東南部でも越冬が確認された。

豆知識① スズメバチ、アシナガバチの仲間の女王蜂は樹木の洞で越冬する。秋に交尾を済ませた女王蜂は、春になると洞から出て、たった1匹で営巣、産卵、子育てを始める。写真はキイロスズメバチ。

豆知識② ゴミムシの仲間は土中で越冬する。日当たりのよい、暖かそうな土手の斜面をそっと掘ってみよう（オサ堀りという）。越冬するオサムシやゴミムシに出会えるだろう。

冬至 初候 乃東生

新暦でおよそ12月22日〜25日

12/22
- ミヤコドリの群れ　2004年 千葉県船橋市三番瀬　唐沢孝一
- ミヤマガラスの群れ　2015年 埼玉県吉川市上内川　石井秀夫

12/23
- マヒワ採餌　2002年 千葉県市川市大町自然観察園　唐沢孝一

12/24
- ツワブキ花　2013年 千葉県富津市青木　川名興

12/25
- クズ、オニグルミ、サンショウの葉痕と冬芽　2006年 千葉県鎌ケ谷市市民の森周辺　唐沢孝一

> **乃東生ず**（なつかくれくさしょうず、だいとうしょうず）
> 乃東はウツボグサのこと（p93参照）。ほかの草木が枯れるころにウツボグサが芽を出す。とはいっても、この季節に芽生えてロゼットなどで冬を越す植物も多い。

ミヤコドリの群れ
旅鳥または冬鳥。河口や干潟、磯などに渡来する。このときは65羽が桟橋の上で休んでいた。

唐沢

ミヤマガラス
冬鳥。九州に多かったが、関東平野の水田地帯でも多数越冬するようになった。このときは電線にぶら下がって遊ぶようすも観察した（右）。

石井・石井

マヒワ
冬鳥として全国各地に渡来する。このときは約20羽がハンノキの果実を食べていた。

唐沢

ツワブキ
見ごろは10〜12月。常緑の多年草。海岸に多く見られる。

川名

葉痕と冬芽
左からクズ、オニグルミ、サンショウ。葉痕（葉が落ちたあと）はさまざまな表情を見せる。目や口に見えるのは維管束のあとだ。冬芽も一緒に観察したい。

唐沢・唐沢・唐沢

冬至 | 次候 | 麋角解

新暦でおよそ12月26日～30日

12/26 ●キクイタダキ初認　2015年 埼玉県北本市北本自然観察公園 田口和博

12/27 ●ヨコヅナサシガメ幼虫集団越冬　2015年 千葉県市川市江戸川周辺 大野透
●ジョロウグモ卵のう　2002年 千葉県鎌ケ谷市八幡春日神社 唐沢孝一

12/28 ●シモバシラの霜柱　2014年 千葉県成田市房総風土記の丘 矢作佳代子

12/29 ●ノウサギ交通事故死　2015年 千葉県富津市鶴岡 川名興
★地上を移動するノウサギ、タヌキ、ネコなどは交通事故に遭いやすい。

12/30

麋角解つる （さわしかのつのおつる、びかくげす）

鹿の角が抜け落ちるころ。鹿と言っても、ニホンジカの角が落ちるのは春先。この季節に落ちるのはヘラジカやトナカイだが、中国や日本には生息しない。12月ごろに角を落すシカ科の動物はシフゾウ。野生では絶滅した。

キクイタダキ
漂鳥。亜高山帯で繁殖し、冬季は平地で越冬する。

唐沢・石井

ヨコヅナサシガメ 幼虫
サクラなど各種の樹幹の窪みなどで幼虫態で集団越冬する。暖かい日には活動をする。成虫は4/26参照。

SKD・SKD

ジョロウグモ 卵のう
晩秋に樹皮などに産卵し、白い糸でおおう。p146参照。

SKD

シモバシラの霜柱
枯れ残った茎に霜柱ができる。花は9月ころに見られる（写真右、9月下旬撮影）。

矢作・矢作

冬至 末候 雪下出麦

新暦でおよそ12月31日～1月4日

12/31
- ●ノボロギク花　2012年 千葉県富津市青木　川名興
- ●雪の下のロゼット（セイヨウタンポポ、ハルジオン）　2012年 長野県岡谷市　大野透
- ●シラカンバ冬芽　2016年 長野県岡谷市　大野透

1/1
- ●コウノトリ飛来　2007年 千葉県富津市下飯野　川名興

1/2

1/3
- ●トモエガモ雌越冬　2001年 千葉県市川市大町自然観察園　唐沢孝一

1/4

> 雪下麦を出だす（ゆきわたりてむぎのびる。せつかむぎをいだす）
> 雪の下でムギが芽を出すということだが、普通は降雪前には伸び始めている。このころの麦踏みは昔の農家の一仕事であった。一家総出でムギを踏む。手を組んで体をまっすぐにして足を細かく踏むとムギによいとされた。

ノボロギク
花は早春から春に多いが、耕起後の畑などでは周年芽生え、すぐに花をつける。

雪の下のロゼット
セイヨウタンポポ（左）は枯葉が多いが中心には緑の新葉がある。ハルジオン（右）のロゼットは緑だが寒そうな色だ。

シラカンバ
3本の長い雄花穂と、雌花と葉の混芽（こんが）がある。右は種子を飛ばしたあとの花穂。

コウノトリ
まれに飛来することがある。明治時代以降に減少し繁殖記録が絶えたが、人工繁殖による放鳥で復活しつつある。

トモエガモ
冬鳥。湖沼や河川で越冬する。渡来数は少ない。

小寒

しょうかん
1月5日～19日ころ

小寒は「寒さが最も厳しい大寒の前」とか「寒さが加わるころ」を意味する。小寒と大寒をあわせて'寒の内'といい、小寒は'寒の入り'である。寒中見舞いを出し、1月7日にはその年の無病息災を祈って七草粥をたべる習慣がある。

七草やまこと飢ゑたる日の記憶

諏訪悠生子

おすすめの観察テーマ

春の七草

せり・なずな　おぎょう・はこべら　ほとけのざ　すずな・すずしろ　これぞ七草
三十一文字で覚えた春の七草の正体(草種)を考えてみよう。
今ではあまり聞くことのないおぎょうはハハコグサ、すずなはカブ、すずしろはダイコンのことを指すとされる。
ほとけのざは、いまホトケノザと呼ばれているシソ科の植物とは異なり、キク科のタビラコのこととされる。かつてタビラコは水田で普通に見られたが、稲作の変化とともに消えつつあるようだ。幸い、田植えの遅い我が家では七草すべてを見ることができる。しかし、成長初期のこの時期にそれらを見分けるのはむずかしい。
そのためか、最近では季節に合わせて栽培されたものが市販されている。買い求めて鑑賞したあと、七草粥にする方も多いことと思う。
早春の一日、身近な場所で春の七草を探してみてはいかがでしょうか。　(飯島和子)

豆知識①

秋は見る七草、春は食べる七草といわれ、新春1月7日に七草粥を食べると無病息災で1年間過ごせるという。日本の古くからの習慣を思いながら、正月に疲れた胃を休めるためにはよい食事である。

唐沢

かごに盛られた春の七草(市販品)

飯島

《実践的な春の七草図鑑と通常の植物図鑑》

通常の図鑑はきれいな成植物の写真（右下）で、小寒のころの七草（左上）とは見た目が異なる場合が多い。

実践編の写真は飯島、通常編はZNK

せり
セリ

なずな
ナズナ

おぎょう
ハハコグサ
'ごぎょう'ともいわれるが牧野は誤りとしている

はこべら
ハコベ
（ミドリハコベ）

ほとけのざ
タビラコ
（コオニタビラコ）

すずな（カブ）・
すずしろ（ダイコン）

小寒 | 初候 | 芹乃栄

新暦でおよそ1月5日〜9日

1/5

1/6
- ウグイス地鳴き（笹鳴き）　2014年 東京都渋谷区明治神宮　唐沢孝一

1/7
- セイヨウタンポポ（雑種型）花　2016年 千葉県八千代市　岩瀬徹
- ソシンロウバイ見ごろ　2015年 茨城県つくば市筑波実験植物園　HP情報

1/8

1/9
- ウミウ越冬　2011年 千葉県鴨川市鵜島　唐沢孝一
- ケリ越冬　2014年 千葉県富津市西川　川名興
- オオキンカメムシ集団越冬　2011年 千葉県鴨川市太夫崎　唐沢孝一

> 芹乃栄う（せりすなわちさかう）
> セリは水辺に群れて生える。これが競り合うようなのでセリの名になったという説がある。香りとシャキシャキした歯ざわりから、吸い物や鍋物などで食用される。春の七草の一つでもある（p194参照）。

ウグイス
求愛のさえずりに対し、地鳴きは日常の鳴声。俳句の世界では'笹鳴き'という。写真は春のさえずり。2/6参照。

唐沢

セイヨウタンポポ
厳冬期にも低い姿勢で花をつける。見ごろは3〜6月ごろだが、真夏を除いてほぼ一年中咲く。p179参照。

SKD

ソシンロウバイ
見ごろは2月下旬ころまで。ロウバイの栽培品種のひとつで、花の中心が黄色。ロウバイは1/14参照。

川名

ウミウ
留鳥。海岸の岩場や断崖に生息。冬季には数百〜数千羽で集団ねぐらをとる。この島は糞で真っ白になっていた。

唐沢・唐沢

ケリ
留鳥。水田や草地などで局所的に繁殖する。キキッという鳴声をケリッと聞きなしたのが名前の由来。

唐沢

オオキンカメムシ越冬成虫
成虫は常緑樹の葉裏などで集団で越冬する。関東では房総半島南部などで見られる。p186参照。

山崎

小寒 次候 水泉動

新暦でおよそ1月10日～14日

1/10
- シャクチリソバ果実　2016年 東京都大田区多摩川周辺　大野透
- ヤエムグラ越冬　2016年 東京都大田区多摩川周辺　大野透
- フユザクラ花　2016年 千葉県南房総市富浦町大房岬　川名興

1/11
- ノスリがカラスの群れと空中戦　2013年 東京都渋谷区明治神宮　唐沢孝一

1/12

1/13
- ハジロカイツブリ7羽越冬　2013年 千葉県鴨川市鴨川漁港　唐沢孝一

1/14
- オニノゲシ花　2012年 千葉県君津市君津台　川名興
- ロウバイ花　2017年 千葉県柏市柏の葉公園　大野透

> **水泉動く**（しみずあたたかをふくむ、すいせんうごく）
> 地中で凍っていた泉が解けて動き始めるころ。寒さがいよいよ厳しくなるこの時期に、目には見えない地中でのわずかな変化に目を向けている。こうした季節の'先読み'こそ、七十二候の最大の魅力といってよいだろう。

シャクチリソバ
ソバやダッタンソバと近縁だが、食用には適さない。花は秋に咲く（10/29）。

ヤエムグラ越冬
花は5〜6月ころに咲く。

フユザクラ
見ごろは11月下旬〜12月上旬。春にも開花する。

ノスリとカラスの空中戦
留鳥。11/12参照。

ハジロカイツブリ
冬鳥として全国の湖沼や沿岸に飛来。集団で一斉に潜水し、魚群を追いつめて捕食する。

オニノゲシ
見ごろは3〜10月だが、それ以外の季節にも咲く。

ロウバイ
見ごろは3月中旬ころまで。独特のにおいがある。

小寒 末候 雉始雊

新暦でおよそ1月15日〜19日

1/15

1/16
- ヒレンジャク越冬　2010年 東京都千代田区日比谷公園　唐沢孝一
- ニホンアカガエル初認　2007年 千葉県富津市青木　川名興

1/17
- ホソミオツネントンボ越冬　2008年 千葉県市川市柏井の森　唐沢孝一

1/18
- エノキタケ　2013年 千葉県成田市房総風土記の丘　矢作佳代子

1/19

雉始めて雊く (きじはじめてなく)

キジの雄は、求愛や縄張り争いのとき'ケンケーン'と甲高く鳴く。キジは一夫多妻であり、雄はより強く、より美しく進化してきた。闘争心の強さは'桃太郎の鬼ケ島'でも証明済みだ。日本固有種で国鳥でもある。

ヒレンジャク
冬鳥。1〜3月にヤドリギに飛来することが多い。

ニホンアカガエル
p202参照。

ホソミオツネントンボ
オツネンは越年。林内などで成虫越冬する。体色は淡褐色だが成熟すると青くなる（写真右、5月に撮影）。

エノキタケ
冬を代表するきのこ。ユキノシタの異名もある。市販のエノキタケとは見た目が大きく異なる。

フキ
図は左から葉と根茎、つぼみ（ふきのとう）と根茎、雄花穂、雌花穂。花期は5月ころまで。

大寒
だいかん
1月20日〜2月3日ころ

二十四節気の最後で、一年で最も寒さが厳しい季節。大寒の終了を'寒明'(かんあけ)という。大寒には寒稽古、凍り豆腐や寒天づくり、酒や味噌の仕込みなどが行われる。陽だまりではフクジュソウが咲き、春の兆しが感じられる。

枯菊を残らず刈りて春を待つ
阿部みどり女

おすすめの観察テーマ

ニホンアカガエル、産卵のはじまり

ニホンアカガエルは北方系のカエルで寒さに強い。千葉県では例年、1月下旬に産卵が始まる。千葉市下大和田では2015年には1月24日に産卵が確認された(NPO法人ちば環境情報センター)。

産卵は夜間に行われる。先に冬眠から覚めた雄が水田などの水たまりで雌を待ち受ける。雄は、雌を見つけると背に乗って抱きついて離れない。雌の産卵に合わせて雄は精子を放出し体外で受精する。産卵は3月にかけて行われ、春一番など温かい雨の夜にはとくに多い。

冬眠を中断してまで寒い季節に産卵するのはなぜだろうか。まず考えられるのは、天敵のヘビや肉食の水生昆虫が活動していないという利点である。また、他種のカエルとの競合を避けるため、産卵の時期を早めたという説もある。

ニホンアカガエルは水辺や草地、林内で昆虫や小動物を捕食するとともに、ヘビ類やサギ類、サシバなどに捕食されるなど、生態系の食物連鎖を支えている重要な生物である。　(唐沢孝一)

田中

豆知識①

ニホンアカガエルの卵には、メラニン色素のある動物極側(黒い部分)と卵黄の多い植物極側(白い部分)がある。未受精卵ではその向きはばらばらである。受精すると受精膜が形成され、膜の中で自由に回転が起こり、比重の軽い動物極側が上側になる。その結果、メラニン色素により卵は紫外線から守られる。

夜の水田で雌を待ち受ける雄たち。懐中電灯で照らすと、あちこちに水面から顔を出した雄がいる。
2007年1月27日、千葉県千葉市　田中

抱接中のニホンアカガエル。雄は雌の背に乗って抱きついて離さない。親指の辺りには'婚姻瘤'(こんいんりゅう)と呼ばれるこぶがあり滑らない。

黒いのは産卵したばかりの卵塊(円内)。この後、水を吸って寒天質が膨らんで大きな卵塊になる。卵数は卵塊の大きさによって異なるが、1つの卵塊に500〜3,000個。ちなみに、手前の白っぽく見える卵は未受精卵である。

雌1匹が1個の卵塊を産卵する。卵塊の数を調べれば、地域に生息するニホンアカガエルの個体数を推計できる。ニホンアカガエルの個体数は減少しているが、岡発戸・都部谷津ではヨシ原を刈って水域を増やした結果、卵塊数が増加している。(谷津ミュージアムの会調査)
2016年2月16日、千葉県我孫子市岡発戸・都部谷津

大寒 初候 款冬華

新暦でおよそ1月20日～24日

1/20
- ヒヨドリ、ユズリハの葉を食べる　2016年 東京都千代田区皇居東御苑　唐沢孝一

1/21
- ハコベ開花　1983年 千葉県富津市青木　川名興
- オオバンの群れ（越冬）　2005年 千葉県船橋市三番瀬　唐沢孝一

1/22
- ツグミの群れ（越冬）　2011年 千葉県市川市江戸川周辺　唐沢孝一
- ムラサキツバメ集団越冬　2010年 千葉県市川市大町自然観察園　唐沢孝一

1/23
- フクジュソウ開花始め　2014年 群馬県桐生市桐生自然観察の森　HP情報

1/24
- ウメ開花　2015年 千葉県富津市青木　川名興

> **款冬華さく**（ふきのはなさく、ふきのとうはなさく）
> 款冬は'ふき'あるいは'ふきのとう'とされる。我々が食用にするふきのとうはフキのつぼみだから、単に'ふき'がよいだろう。フキは雌雄異株で雄花は白黄色、雌花は白色といわれているが区別は難しい。2/18参照。

ヒヨドリ
ユズリハの葉を狂ったように食べることがある。

唐沢

ハコベ（コハコベ）
見ごろは2〜5月だが、秋や厳冬期にも咲く。

SKD・SKD

オオバン
留鳥。主に湖沼や池などに生息するが（11/29）、このときは海に潜り海草を食べていた。

唐沢

ツグミ
冬鳥。単独で採餌することが多いが、このときは約100羽の群れを見た。11/7参照。

唐沢・川名

ムラサキツバメ
成虫が葉裏や葉の間で越冬する。幼虫の食樹はマテバシイなど。p187参照。

高井

フクジュソウ
見ごろは3月下旬まで。

SKD

ウメ
品種が多く、開花は3月下旬ころまで続く（3/25参照）。

川名

大寒 | 次候 | 水沢腹堅

新暦でおよそ1月25日〜29日

1/25
- 気温−41℃を記録　1902年 北海道旭川市　気象庁　★観測史上国内最低気温。
- アオサギ、ウシガエルを捕食　2014年 千葉県市川市大町自然観察園　唐沢孝一

1/26
- ウラギンシジミ越冬成虫　2014年 千葉県市川市堀之内　山崎秀雄

1/27

1/28
- ハシブトガラス集団水浴　2001年 東京都千代田区北の丸公園　唐沢孝一
- ヒメウ27羽越冬　2012年 千葉県鴨川市弁天島　唐沢孝一

1/29
- 雨氷　2016年 山梨県南都留郡山中湖村　朝比奈邦路
  ★小枝に氷が付着する現象を雨氷という。このときは止まろうとした鳥が滑ってしまった。
- セイヨウミツバチ成虫活動　2013年 千葉県富津市青木　川名興

> **水沢腹く堅し**（さわみずこおりつめる、みずさわあつくかたし）
> 厳しい寒さのため、沢の水が凍ってしまうころ。沢だけでなく滝の水も凍って氷柱となり、アイスクライミングがはやる昨今である。寒さも底をつき、ミズキの冬枝が赤光りする。「大寒の星爛々と欅立つ」（相川彩洋）

アオサギ
留鳥。魚やカエルなどの水生動物などを食べる。このときは大きなウシガエルを丸呑みにした（写真右）。

川名・唐沢

ウラギンシジミ 越冬
翅の裏が銀色。成虫が葉の裏などで越冬する。年に3回発生し秋に密度が高くなる。

山崎

ハシブトガラス 水浴
留鳥。羽毛の手入れのために水浴びをして、ダニなどの寄生虫や汚れを落とす。このときは約20羽が集団で水浴をしていた。

唐沢

ヒメウ
冬鳥（本州）。日本産のウ類では最小。島の絶壁や岩礁などで数羽〜数十羽で越冬する。

唐沢・唐沢

セイヨウミツバチ
冬は巣内で過ごすが、暖かい日には働き蜂の活動が見られる。（写真は5月に撮影）

SKD

大寒 末候 鶏始乳

新暦でおよそ1月30日〜2月3日

1/30
- ●ハキダメギク花　2002年 千葉県南房総市富浦町大房岬　川名興

1/31
- ●ヤマアカガエル卵塊　2014年 群馬県桐生自然観察の森　HP情報
- ●ナナホシテントウ成虫活動　2016年 千葉県市川市江戸川周辺　大野透

2/1

2/2
- ●ヒヨドリ採餌　2016年 千葉県市川市　唐沢孝一

2/3
- ●ハンノキ花　2012年 千葉県君津市君津台　川名興

> **鶏始めて乳す** (にわとりはじめてとやにつく、にわとりはじめてにゅうす)
> 鶏が初めて卵を産むころ。今では一年中産卵するが、かつては春から夏に産卵した。二十四節気の終りにあたり、鶏の'産卵'は新しい命の誕生を象徴している。ヤマアカガエルが産卵し、梅の蕾がほころび始める。

ハキダメギク
見ごろは6〜10月だが、ほとんど一年中咲く。写真は初夏に撮影。

ヤマアカガエル
平地から山間部にまで分布。2〜4月ころに水田や池、沼などで産卵する。

ナナホシテントウ
成虫で越冬し、冬季でも暖かい日には活動する。p38参照。

ヒヨドリ
留鳥。昆虫や果実、花蜜などを食べる雑食性。畑のブロッコリーやキャベツを食べることがある。

ハンノキ
見ごろは3月ころまで。枝の先に目立つ雄花穂がつき、少し元の方に小さな雌花穂がつく。写真中央は雄花穂(部分)、右は雌花穂。

自然観察大学
とは……

野外で植物や鳥、虫などを見ると、何という名前だろうと気になります。
名前は大切ですが、自然観察大学ではたくさんの名前を知ることだけを目的とはしていません。
形を見る、くらしを考える、それから名前に近づくようにします。
ちょっとした自分なりの発見が、自然観察の入り口になります。
自然観察大学では、学校を中心に好評の図鑑「野外観察ハンドブック／校庭シリーズ」の著者らが講師を務め、観察会などを実施しています。参加者の皆さんと一緒に楽しみながら、幅広く自然観察を勉強しようというものです。
自然観察大学のいちばんの特徴は、植物、野鳥、昆虫、クモ、アブラムシなどいろいろな角度から観察できることです。
各専門分野の講師が同行し、さまざまな観察ポイントや話題を提供します。
個性的で多彩な内容なので、講師自身がほかの講師の話を楽しみにしているほどです。

NPO法人自然観察大学 学長　唐沢孝一

自然観察大学は"楽しみながら自然観察の視点を身につけよう"という目的のNPO法人です。法で定められた大学ではありません。2002年度から活動を開始し、年3回の定例野外観察会と、年2回の室内講習会などを実施しています。詳しくは下記HPをご覧ください。募集案内や入会方法、観察会レポートなどの活動内容と講師陣を紹介しています。

自然観察大学ホームページ
http://www.sizenkansatu.jp/

| 自然観察大学 | 検索 |

見沼田んぼ

**自然観察大学
定例観察会のフィールド………①**

所在地：埼玉県さいたま市など
JR武蔵野線東浦和駅利用

埼玉県を流れる芝川を中心とした1,260haの広大な田園地帯で、見沼自然公園などもその中に含まれています。江戸中期に大規模な干拓が行われ"見沼田んぼ"と称されるようになりました。

自然観察大学の観察フィールドは、見沼田んぼの南東のほんの一部、JR武蔵野線東浦和駅から見沼通船掘周辺です。2002年の第1回観察会以来、通算15回の定例観察会を実施しています（2016年末現在）。この間に、水田の減少など大きく様変わりしましたが、都市近郊に広がる田園地帯として、身近な自然観察と干拓や通船掘りの歴史などを学ぶには最適な場所です。

観察会のようす。後方は斜面林

田畑が広がる田園地帯

見沼田んぼの中央を流れる芝川

谷津ミュージアム
（岡発戸・都部谷津 おかぼっと・いちぶやつ）

自然観察大学
定例観察会のフィールド……②

所在地：千葉県我孫子市
JR成田線東我孫子駅利用

手賀沼沿いの岡発戸・都部地区は、谷津＊の地形と豊かな自然環境が残され、谷津ミュージアムと呼ばれています。我孫子市と地域のみなさん（谷津守人）が一体となって、かつての農村・里山の環境を取り戻し、保存しようという活動をしています。自然観察大学の定例観察フィールドの中で最も自然度が高く、豊かな環境といえます。

2006年以来、通算12回（2016年末現在）の定例観察会を実施しています。谷津守人のみなさんや我孫子市のご理解、ご協力をいただいています。

＊谷津：台地が侵食されてできた地形。中央に水流、湿地を挟んで両側が斜面林となる。千葉・茨城では谷津、神奈川・東京では谷戸といわれる。

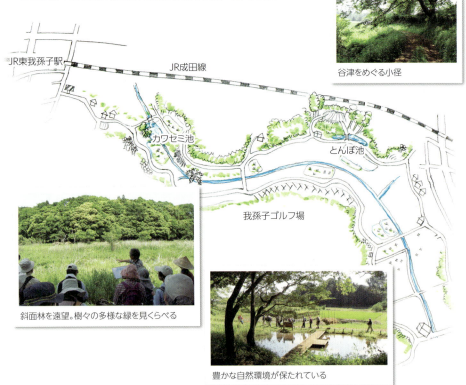

谷津をめぐる小径

斜面林を遠望。樹々の多様な緑を見くらべる

豊かな自然環境が保たれている

[野川公園]

自然観察大学
定例観察会のフィールド‥‥‥‥③

所在地：東京都調布市、小金井市、三鷹市
JR三鷹駅からバス利用

野川を中心に湧水や雑木林、芝地など多様な環境の都市公園です。樹木の管理がおおらかで、自然に近い樹形を見ることができます。春にはカントウタンポポの大きな群落も見られました。ヒマラヤスギの球果の経過観察は、野川公園での私たちの長年の課題でもあります。
2004年以来、通算15回（2016年末現在）の定例観察会を実施しています。野川を渡った公園の奥には自然観察園がありますが、私たちの観察会ではいつも時間がなくなって、そこまで行けません。
それだけ話題の豊富な公園ということになります。

公園の中央を流れる野川

ヒマラヤスギを観察

おすすめ観察地ガイド

身近な自然観察はどこでも可能ですが、編集スタッフが関東地方でとくに推奨するエリアを紹介しました。

栃木県

奥日光戦場ヶ原(日光国立公園) 〈高層湿原〉
日光市中宮祠
JRまたは東武日光駅よりバス
奥日光の湿原としてラムサール条約登録湿地。赤沼と湯滝の間に戦場ヶ原自然研究路が設置され、木道が整備されている。四季折々の自然が楽しめる。

日光植物園(東京大学附属) 〈林、水辺〉
日光市花石町
JRまたは東武日光駅よりバス
日本の高山ならびに温帯から亜寒帯に生育する種を中心に、多様な植物が集められている。とくに木本ではサクラ、ツツジ、カエデの仲間が充実している。

渡良瀬遊水地 〈水辺、湿地〉
栃木市など(4県にまたがる)
東武柳生駅または板倉東洋大前駅
ヨシなどの大規模な草原が発達した、ラムサール条約登録湿地。植物約1,000種、鳥類約260種、昆虫類約1,700種、魚類約50種が確認されている。

井頭(いがしら)**公園** 〈都市公園、丘陵地、雑木林、池、緑地〉
真岡市下籠谷
JRまたは東武宇都宮駅よりバス
井頭池を中心とした広大な敷地には丘陵地と雑木林が広がり、野鳥、植物を中心とした四季折々の自然の豊かな表情が楽しめる。

群馬県

鬼押出し園(上信越高原国立公園) 〈高原、森〉
吾妻郡長野原町、嬬恋村
JR軽井沢駅よりバス
天明3年(1783年)の噴火による溶岩から遷移が進み、高山植物や高山蝶、高山鳥の宝庫である。カモシカ、ヤマネなどが生息し、岩の合間にヒカリゴケも見られる。

尾瀬ヶ原(尾瀬国立公園) 〈高層湿原〉
利根郡片品村など
(3県にまたがる)
JR上毛高原駅よりバス鳩待峠など
東西6km、南北2kmの広大な湿原でラムサール条約登録地。豊かな自然が残り、ミズバショウ、ニッコウキスゲをはじめ湿原特有の貴重な植物群落が見られる。

赤城大沼 覚満淵(かくまんぶち) 〈高原、中間・高層湿原〉
前橋市富士見町赤城山
JR前橋駅よりバス
周囲800mの小尾瀬とも称される中間・高層湿原。湿生植物や高山植物の宝庫である。湿原を一巡する木道が整備され湿原植生の周囲には低木林が見られる。

桐生自然観察の森 〈里山、森林、水辺、沼、緑地〉
桐生市川内町2丁目
JR桐生駅よりバス
自然の状態に近い森林が観察できるよう園路が巡り、池や湿地もある。ネイチャーセンターや野鳥観察舎も整備され、四季を通して多様な動植物に出会える。

ぐんまこどもの国(金山総合公園) 〈自然観察公園、林、水辺、沼、緑地〉
太田市長手町
東武三枚橋駅
太田金山のすそ野に位置した自然を生かした公園。金山とむすぶ複数のトレッキング路が整備され、季節ごとに色々な鳥、昆虫、植物を観察することができる。

茨城県

筑波山自然研究路(水郷筑波国定公園) 〈森林〉
つくば市
TXつくば駅よりバスとケーブルカー
標高750〜800m。男体山の山頂を一周する約1,400mの登山遊歩道。解説版が設置され、四季を通じて、筑波山頂のブナ林の自然を観察することができる。一部で岩の崩落あり。

宍塚(ししつか)**大池** 〈水辺、田んぼ、雑木林、里山〉
土浦市宍塚
JR土浦駅よりバス
ため池を中心に雑木林や水田などが広がる里山。生物多様性の点で注目されるスポットでもある。認定NPO法人宍塚の自然と歴史の会が活発に活動している。

植鳥虫 はとくにおすすめのジャンルを示します。

県	場所	所在地・アクセス	〈環境〉	説明

茨城県	**牛久自然観察の森**	牛久市結束町 JR牛久駅からコミュニティーバス	〈里山、水辺、林〉	園内には小川が流れ、森林や人家まわりなど、多様な生物が生息する里山の自然環境が保全されている。雑木林、池、草原などを園路に沿って散策できる。
	ミュージアムパーク茨城県自然博物館	坂東市大崎 TX守谷駅よりバス	〈沼、水辺、雑木林、草地〉	博物館の敷地内に野外観察フィールドがあり、観察会も開催される。菅生沼も隣接し、冬季にはコハクチョウ、猛禽類などが観察できる。
	妙岐ノ鼻（水郷筑波国定公園）	稲敷市浮島 JR佐原駅よりバス。 東京駅から高速バスも可	〈水辺、湿地〉	霞ケ浦南東部に位置する約50haの湿地帯。広大なヨシ原には観察小屋や木道、水辺デッキなどが整備され、季節の野鳥や湿生植物が観察できる。

埼玉県	**北本自然観察公園**	北本市荒井 JR北本駅よりバス	〈水辺、林〉	湿地、池、雑木林などの自然観察を目的とした公園。観察路に沿って、四季折々の人里の生物が観察できる。自然学習センターでは季節の最新情報を入手できる。
	巾着田と日和田山	日高市 西武高麗駅	〈水辺、里山、低山〉	高麗川の川辺では魚や水生昆虫が、巾着田は秋のヒガンバナが有名だが昆虫や鳥、野草の宝庫。近くの日和田山（305m）では、秋にタカの渡りを楽しめる。
	狭山丘陵 トトロの森と狭山湖	所沢市、入間市など 西武西武球場駅	〈雑木林、水辺、里山、畑、古民家〉	トトロの森では、雑木林を中心とした里山の自然が保全されている。冬の狭山湖では、カモ類が越冬しオオタカなどの猛禽類も観察できる。
	秋ヶ瀬公園	さいたま市 JR浦和駅よりバス	〈都市公園、河川敷〉	荒川の左岸に造成した都市公園で、林地、芝生、草地などがある。鳥、昆虫、植物の観察に適している。隣接して、サクラソウ自生地、冬季にカモが越冬する彩湖がある。
	見沼自然公園	さいたま市緑区 JR大宮駅または東浦和駅よりバス	〈都市公園、水辺、林〉	広大な見沼田んぼの一角にある都市公園。芝生、林地、ビオトープゾーンを含む大きな池があり、木道を敷いた湿地もある。さぎ山記念公園と隣接。

千葉県	**こうのとりの里と江川耕地**	野田市三ツ堀 東武梅郷駅よりバス	〈谷戸、水田、林〉植鳥虫	コウノトリと共生する地域づくりを目指し、自然農法による水田が広がる。田んぼの生き物とそれを餌とするサシバが繁殖している。谷戸の一角にコウノトリの飼育施設。
	21世紀の森と広場	松戸市千駄堀 JR新八柱駅、新京成八柱駅	〈都市公園、水辺、林、草地〉植鳥虫	自然尊重型都市公園。斜面林に囲まれた湿地や池、芝生がある。水路に沿って田畑などの農村的環境が復元されている。自然観察舎には、土曜・日曜・祝日に自然解説の専門職員が勤務。
	大町自然観察園（長田谷津）	市川市大町 JR本八幡駅よりバスまたは 北総線大町駅	〈谷戸、斜面林〉植鳥虫	真間川水系の源流部で、湧水、斜面林、湿地などの谷戸（谷津）の自然が保全されている。自然観察のための観察路があり、市立市川自然博物館が隣接している。

千葉県	**泉自然公園** 千葉市若葉区 JR千葉駅よりバス	〈雑木林、谷戸、水辺、草地〉 下総台地を生かした谷戸と台地と林の公園。池、湿地、水田と台地の雑木林、民家が点在。水生植物園も充実している。サクラの名所としても知られる。	
	昭和の森 千葉市緑区 JR土気駅よりバス	〈総合公園、森林、谷戸、水辺〉 レクリエーションや自然趣味のための多目的都市公園。芝生、湿地、池、斜面林などが入り組んでいる。谷戸では多様な湿生植物や動物が観察できる。	
	大房(たいぶさ)岬自然公園（南房総国定公園）	〈総合公園、海辺、水辺、林、草地〉	
	南房総市富浦町 JR富浦駅よりバス	岬全体が総合公園になっており、マテバシイの林、鳥の渡りなど海と山の生物が観察できる。園内には観察路が整備され、ビジターセンターもある。	
	海の博物館 海岸の観察路（千葉県立中央博物館分館）	〈磯〉	
	勝浦市 JR鵜原駅	南房総国定公園内で最も優れた磯の一つ。海藻、魚、貝類、海鳥など海岸の生物の宝庫である。海中展望塔では海中を泳ぐ魚が観察できる。	
東京都	**水元公園** 葛飾区水元公園 JRまたは地下鉄金町駅	〈都市公園、水辺、林〉 都内で唯一水郷の景観をもった公園。池と林、草地。北西端にカワセミの里という観察舎があり、情報が得られる。2017年より自然観察大学の定例観察会のフィールド。	
	小石川植物園（東京大学附属） 文京区白山3丁目 地下鉄茗荷谷駅	〈水辺、林〉 前身は徳川幕府の「小石川御薬園」。日本でもっとも古い植物園。国内外の学術的に貴重な樹木が観察用に植栽されている。精子発見のイチョウやソテツもある。	
	皇居東御苑 千代田区千代田 JR東京駅または地下鉄大手町駅	〈都市公園、雑木林〉 旧江戸城の本丸・二の丸・三の丸の一部を宮殿の造営にあわせて皇居附属庭園として整備し、一般公開されたもの。復元された雑木林やお濠、石垣があり自然と歴史が楽しめる。	
	自然教育園（国立科学博物館附属） 港区白金台5丁目 JR目黒駅または地下鉄白金台駅	〈水辺、林〉 天然記念物および史跡に指定。園路に沿って路傍の植物や極相林、池の生物など、四季折々の生物を観察することができる。自然観察会も実施されている。	
	石神井公園 練馬区石神井台1-2丁目、石神井町5丁目 西武石神井公園駅	〈都市公園、水辺、林〉 武蔵野の自然が残る公園。とくに三宝寺池の周囲には木道が整備され、樹林や水生植物とそこに集まる生物が観察できる。	
	長池公園 八王子市別所2丁目 京王南大沢駅よりバス	〈水辺、雑木林、草地、里山〉 長池・築池を中心とし、小川や湿地、広大な雑木林を残した20haの自然保全型公園。里山の景観と希少生物の保護にも力を入れている。	
	木場公園 江東区木場4-5丁目、平野4丁目 地下鉄木場駅など	〈都市公園、草地〉 園内の一角にある「帰化植物見本園」は一見の価値あり。いわゆる'雑草'だけに管理は難しいと思われるが、みごとな見本園となっている。	

はとくにおすすめのジャンルを示します。

東京都	**東京港野鳥公園** 大田区東海3丁目 JR大森駅よりバスなど	〈海辺、水辺、林、草地〉	潮入りの池やヨシ原、淡水池、小川、森林など多様な環境で野鳥が観察できる。水辺の生物、干潟の生物や植物、昆虫観察に適する。
	葛西臨海公園 江戸川区臨海町6丁目 JR葛西臨海公園駅	〈海辺、水辺、林〉	東京湾に面した人工干潟や淡水池、汽水池などがあり、渡り鳥や越冬中のカモ類、猛禽類などの観察に適している。また、砂浜では海浜性植物の観察もできる。
	御岳山 (みたけさん) 青梅市御岳山 JR御岳駅よりバスとケーブルカー	〈森林、渓流〉	山岳信仰の霊山として知られ、うっそうとした森や渓谷でムササビ、鳥、昆虫、野草など多様な生物が楽しめる。ビジターセンターで時々の自然情報が得られる。
	高尾山 (明治の森高尾国定公園) 八王子市高尾町 京王高尾山口駅、JR高尾駅	〈森林、渓流〉	冷温帯と暖温帯の境界に当たり、多様な植物、動物が観察できる。何本もの観察路が設けられている。高尾駅近くの森林総研多摩森林科学園もおすすめ。
神奈川県	**生田緑地** 川崎市多摩区、宮前区 小田急向ヶ丘遊園駅	〈都市計画緑地、雑木林、谷戸、水辺〉	クヌギ・コナラを中心とした雑木林、谷戸部の湿地、湧水等がある。かつての里山環境や、周辺の農地、樹林等と一体となった環境が見られる。
	横浜自然観察の森 横浜市栄区 京急金沢八景駅よりバス	〈庭園、水辺、林、海〉	起伏のある丘陵地で、雑木林、草地・広場、池、湿地、源流などがある。エリア内の自然観察センターにはガイドマップなどが用意されている。
	小網代の森 三浦市三崎町 京急三崎口駅よりバス	〈自然環境、森林、水辺、海辺〉	相模湾に面した約70haの森。水源の森林から沢や川、湿地、干潟、海までが一つの生態系として保全されている首都圏では唯一の自然環境。
	津久井湖城山公園 相模原市緑区 JRまたは京王橋本駅よりバス	〈広域公園、森林、里山〉	城山ダムと津久井城跡を利用した公園。夏緑樹林が発達しており、四季折々の里山の動植物が観察できる。園内の巣箱でムササビが繁殖している。
	秦野市くずはの家 秦野市曽屋 小田急秦野駅よりバス	〈自然公園、林、沢〉	四季折々の里山の生物が観察できる。観察施設の「くずはの家」では過去10年以上の生物季節の記録があり、時々の情報が得られる。
	真鶴半島 お林遊歩道 (県立真鶴半島自然公園) 足柄下郡真鶴町 JR真鶴駅よりバス	〈森林、海岸〉	江戸時代 (1661年) に植林された15万本のクロマツが樹高30m以上の巨木に成長。クスノキの巨木とともに魚付保安林を形成し、漁業資源の保全に貢献している。
	箱根湿生花園 (富士箱根伊豆国立公園) 足柄下郡箱根町仙石原 JR御殿場駅から箱根登山バス	〈水辺、湿地〉	日本各地の湿地や川、湖沼の植物約200種が生育し、観察路からの観察を楽しめる。花には蝶が飛来し、水辺にはトンボが生息。生物撮影にも向いている。

217

本書の作成に関わった人 (敬称略)

企画・編集委員 (季節の生きもの観察手帖編集委員会)
　唐沢孝一 (委員長)　石井秀夫　大野透　荻原健二　川名興　佐々木稔　田仲義弘　山﨑秀雄

二十四節気のおすすめ観察ガイドの執筆 (NPO法人自然観察大学講師)
　浅間茂　飯島和子　岩瀬徹　唐沢孝一　川名興　鈴木信夫
　田仲義弘　中安均　平井一男　村田威夫　山﨑秀雄

二十四節気・七十二候の解説
　唐沢孝一　川名興

日々の観察情報提供者 (紙面に報告者名を記した)
　朝比奈邦路　飯島和子　石井秀夫　岩瀬徹　大野透　荻原健二　金子正　唐沢孝一　川名興
　川邊浩　金林和裕　熊倉厚夫　高野典子　越川重治　小島雅子　佐々木稔　鈴木信夫
　田口和博　田仲義弘　辻智隆　平井一男　矢作佳代子　山﨑秀雄　千代田の野鳥と自然の会

協力者・写真等提供者 (紙面に著作者名を記した)
　青木厚子　朝比奈邦路　浅間茂　飯島和子　池田二三高　石井秀夫　大橋田鶴子　荻原健二
　小幡和男　金子正　唐沢孝一　川名興　川邊浩　川村満　木村佳寿山　金林和裕　高野典子
　小島雅子　佐々木稔　清水海青　鈴木智也　鈴木信夫　寿原淑郎　髙井幹夫　田口和博
　田中正彦　田仲義弘　辻智隆　中込哲　中安均　根田仁　平野みどり　古屋真　本多滋和
　松本嘉幸　水上みさき　宮本卓也　村田威夫　両角憲一　矢作佳代子　山﨑秀雄
　小坂和幸・重城のり子 (富津フンチ愛好会)　全国農村教育協会 (ZNK)
　池上陽介・井出陽子・大野透・栗田和典・鈴木奈美子・田村汐梨・脇本哲朗 (NPO法人自然観察大学、SKD)

デザイン・DTP
　井出陽子・田口千珠子 (全国農村教育協会)

参考図書

● 二十四節気・七十二候に関して
　改訂新版旧暦読本　岡田芳朗、2015、創元社
　日本の七十二候を楽しむ　白井明大、2012、東邦出版

● 俳句に関して
　新歳時記増訂版　高浜虚子編、1951、三省堂
　新版俳句歳時記 第三版、桂信子ほか監修、2009、雄山閣
　平凡社俳句歳時記 (全5巻)、富安風生ほか編著、2000、平凡社
　新装現代俳句歳時記 (春・夏)、同 (秋・冬・新年)、中村汀女監修、2003、実業之日本社

● 生物に関して
　野外観察ハンドブック／校庭シリーズ (校庭の雑草、校庭の樹木、校庭の野鳥、校庭の昆虫など)、岩瀬徹ほか、
　全国農村教育協会
　博士入門シリーズ (新・雑草博士入門、昆虫博士入門、野鳥博士入門、きのこ博士入門など)、岩瀬徹ほか、
　全国農村教育協会

謝　辞

本書の作成にあたっては、ご賛同いただいた多くの方々をはじめNPO法人自然観察大学会員のみなさんから貴重な観察記録や写真をご提供いただきました。また、専門分野では記載内容の校閲をいただきました。ご協力をいただいた方々は別掲のとおりです。厚く御礼申し上げます。

2017年3月　季節の生きもの観察手帖編集委員会

あなたの観察記録をご提供ください（観察情報の募集）

「季節の生きもの観察手帖」は、より充実した内容で改訂することを目指しています。みなさんからの観察記録のご提供をお待ちしています。

- **記載内容**：観察した生物種名や事象のほか、その状況や行動など季節感のあるもの。
  観察した年月日、場所（地名）、観察者氏名を明記。
  （具体的には本書の日々の観察記録を参考にしてください）
- **写　真**：写真があればあわせてお送りください。
  生物種名、撮影年月日、撮影者名を記してください。
- **選考・採用**：いただいた情報は、編集委員会の選考により、本書改訂版発行の際に掲載させていただきます。
- **応募資格**：NPO法人自然観察大学会員に限ります。
- **そ の 他**：詳しくは下記ホームページの応募要領をご覧ください。
  また、ご希望の方には記入用紙（エクセル表）をお送りします。下記の事務局へご連絡ください。

NPO入会にあたり

自然観察大学は"楽しみながら自然観察の視点を身につけよう"という目的のNPO法人です。法で定められた大学ではありません。自然観察をしておられる方なら、どなたでも入会いただけます。NPO法人自然観察大学については p210、またはホームページをご覧ください。

＜情報提供先・問合せ先＞
NPO法人自然観察大学
〒110-0016　東京都台東区台東1-26-6（植調会館）
Tel：03-3833-1822（全農教内）　Fax：03-3833-1665
事務局：大野透　jimu@sizenkansatu.jp
ホームページ　http://www.sizenkansatu.jp　または「自然観察大学」で検索

MEMO

MEMO

MEMO

本書に関するご意見、ご感想をお聞かせください。"こんな本がほしい"などの小社出版
に関するご要望もお待ちしております。詳しくは小社ホームページをご覧ください。
種名などの掲載内容につきましては誤りのないように細心の注意を払っておりますが、
万一ミスがあった場合は、ホームページの当該書籍の項に最新の正誤表を掲載しており
ます。お手数ですが適宜チェックいただきますようお願いいたします。
全農教ホームページ　http://www.zennokyo.co.jp　　または「全農教」で検索

季節の生きもの観察手帖
自然を楽しむ二十四節気・七十二候

定価はカバーに表示してあります。

2017年4月27日　初版　第1刷　発行

企画・編集／NPO法人自然観察大学

発　行　所／株式会社全国農村教育協会
　　　　　　東京都台東区台東 1-26-6（植調会館）　〒110-0016
　　　　　　Tel：03-3833-1821（代表）　Fax：03-3833-1665
　　　　　　HP　http://www.zennokyo.co.jp
　　　　　　E メール　hon@zennokyo.co.jp

印　刷　所／株式会社シナノパブリッシングプレス

©2017 by contributed authors and NPO Sizen Kansatu Daigaku
ISBN 978-4-88137-192-3　C0645

乱丁・落丁本はお取替えいたします。
本書の無断転載、無断複写（コピー）は著作権法の例外を除き禁じられています。